Horst Lommel • Der erste bemannte Raketenstart der Welt

Gewidmet dem unvergessenen ***Lothar Sieber***

Horst Lommel

Der erste bemannte Raketenstart der Welt

GEHEIM-AKTION NATTER

Motor buch Verlag
classics

Einbandgestaltung: Michael Kreutz/Joachim Schreiber
unter Verwendung einer Vorlage, die Firma Faller/Dragon freundlicherweise zur Verfügung stellte.

Bildnachweis: Bachern, Björn 48; Birkholz, Heinz 1; Deutsches Museum, München 40; Gieschen, Sonja geb. Sieber 2; Griehl, Manfred 60; Hensel, Manfred 14; Hutzel, Hans 3; Klöckner, Erich 1; Lommel, Horst 28; Mielenhausen, Karl 1; Mormillo, Frank B. 3; Selinger, Peter F. 3; Zübert, Hans 3.

Die teilweise geminderte Bildqualität ist auf das Alter der Abbildungen und die Umstände ihres Entstehens zurückzuführen.

ISBN 978-3-613-04834-8

(unveränderter Nachdruck der 1998 unter der ISBN 978-3-613-01862-4 erschienenen 1. Auflage)

Sie finden uns im Internet unter: www.motorbuch-verlag.de

1. Auflage 2026

Lektor: Martin Benz M.A.
Herstellung: IPa, Vaihingen/Enz
Druck und Bindung: HUNTER Books GmbH, 63184 Mainaschaff
Printed in Germany

Inhalt

Vorwort

Am 20. Juli 1969 erfolgte unter großer Anteilnahme der Weltbevölkerung die erste Landung von Menschen auf dem Mond. Neil Amstrong und Edwin Aldrin waren die ersten Menschen, die den Erdtrabanten betraten. Neil Amstrong tat den bekannten Ausspruch: »Dies ist ein kleiner Schritt für einen Menschen, aber ein großer Schritt für die Menschheit.«
Der erste kleine Schritt in Richtung bemannte Raumfahrt geschah jedoch schon 24 Jahre früher, als am 1. März 1945 Lothar Sieber in die erste von Menschenhand gesteuerte Rakete stieg und sich auf dem Gelände des Truppenübungsplatzes Heuberg bei Stetten am kalten Markt in den trüben Winterhimmel schießen ließ. Dieses bahnbrechende, weithin unbekannt gebliebene Ereignis ist heute längst in Vergessenheit geraten.
Allerdings wurde damals als Fernziel der Entwicklung nicht an einen Nutzen in der Weltraumfahrt gedacht, sondern es sollte in erster Linie eine Waffe geschaffen werden, die den ungehemmt einfliegenden Bomberverbänden der Alliierten Einhalt gebieten sollte. In vielen Büros des Reichsluftfahrtministerium (RLM) schöpfte man wieder Hoffnung für den »Endsieg« und die Parole ...»lieb Vaterland, magst ruhig sein, die NATTER fegt den Himmel rein« ... machte die Runde.
Die Entwicklung, die Erprobung, der vorgesehene Einsatz sowie der erste bemannte Steilstart sollen Gegenstand dieses Buches sein.
Das Ergebnis von rund zehn Jahren intensiver Recherchen, das Zusammentragen von Werksunterlagen, Erprobungsberichten sowie das Befragen von noch lebenden Zeitzeugen ist im nachfolgenden Bericht zusammengefaßt. Obwohl einige Passagen recht dramatische Züge aufweisen und für die damalige Zeit recht utopisch anmuten, so ist doch alles authentisch. Es wurde mit dem ersten bemannten Raketenstart der Welt ein Stück Pioniergeschichte der bemannten Raumfahrt geschrieben.
Die Entwicklung der NATTER wurde mit viel Enthusiasmus und Einsatzwillen betrieben. Viele der Beteiligten hatten sich mit Leib und Seele der Raketenfliegerei verschrieben. Doch für solche Dinge hatte man damals nur bedingt Verständnis, man brauchte eine schlagkräftige Waffe und keine »Raketenspielereien«. Viele der damaligen Geschehnisse sind nur unter Berücksichtigung des seinerzeit herrschenden Zeitgeistes verständlich und von der heutigen Generation nur schwer nachvollziehbar.
Die Beurteilung, welchen Stellenwert die NATTER in der noch jungen Entwicklungsgeschichte der Raumfahrt einnimmt, ist in den bisherigen Veröffentlichungen recht zwiespältig ausgefallen; die Skala reicht von »primitiv und unbedeutend« bis »optimale Ausnutzung der damals zur Verfügung stehenden Mittel«. Der geneigte Leser möge sich selbst ein Urteil bilden.
Das vorliegende Buch beinhaltet den derzeitigen Kenntnisstand über die Geschichte der NATTER. Viele bisher als »Tatsachen« geschilderte Sachverhalte in den unterschiedlichsten Literaturquellen erwiesen sich nach genauen Recherchen als unzutreffend und haltlos. Viele offene Fragen und Fehlinterpretationen konnten geklärt werden, so daß das vorliegende Werk einen umfassenden »Lebenslauf« der NATTER und eine Vorstellung der mit ihr untrennbar verbundenen Personen erlaubt.

Siegen, im November 1997
Horst Lommel

Vorgeschichte

Zu Beginn des Jahres 1944 war die Lage für die deutsche Luftverteidigung äußerst bedrückend und bedrohlich. Starke alliierte Bomberverbände mit bis zu 1000 Bombenträgern und fast ebensovielen Begleitjägern stellten die deutsche Jagdwaffe vor schier unlösbare Probleme.

Unter diesen prekären Vorzeichen forderte das RLM (Reichsluftfahrtministerium) die Entwicklung eines einfachen und in großen Stückzahlen herzustellenden »Verschleißjägers«. Eine entsprechende Ausschreibung ging an die deutsche Luftfahrtindustrie.

Im Sommer 1944 fand eine erste Sichtung der eingereichten Entwürfe statt. Neben namhaften Firmen, wie Junkers, Heinkel, Messerschmitt usw., beteiligte sich noch ein absoluter Außenseiter an der Ausschreibung: **Erich Bachem**.

Zusammen mit Willy Fiedler (Fiedler war maßgeblich an der Erprobung der Fi-103 R »Reichenberg« beteiligt und hatte diese bemannte V-1 auch selbst geflogen) reichte Erich Bachem einen völlig vom üblichen Standard abweichenden Entwurf ein. Sein Konzept umfaßte einen Kleinst-Interceptor in Holzbauweise mit Raketenantrieb. Eine geradezu winzige Maschine für Senkrechtstart, eine Kreuzung zwischen gelenkter Rakete und bemanntem Geschoß: Die **NATTER**.

Die Maschine sollte mit einem Raketentriebwerk ausgerüstet, innerhalb einer Minute aus einem Startgerüst 10.000 m Höhe erreichen; den Bomberverband überhöhen, im Sturzflug angreifen und eine Salve von 24 bis 33 Raketengeschossen gezielt abschießen.

Anschließend sollte die NATTER durch Ausnutzung der kinetischen Energie wieder hochziehen und zum Rammstoß ansetzen; kurz vorher sollte der Pilot aussteigen und mit dem Fallschirm abspringen. Gleichzeitig sollte das Heckteil abgesprengt werden und an einem großen Fallschirm zur Erde niedergleiten, um es mit dem eingebauten Triebwerk wiederzuverwenden. Die Rettung des Piloten und die Wiederverwendung desTriebwerkes waren die Hauptanliegen von Erich Bachem.

Zur Entstehung der NATTER berichtete Erich Bachem nach dem Kriege in einem Interwiev, anläßlich einer Fachtagung in Mühlheim: »Die Idee zur NATTER kam mir im Jahre 1944, als an einem herrlichen wolkenlosen Augustnachmittag einige hundert amerikanische Bombenflugzeuge völlig ungehindert durch Jagdflugzeuge in ca. 3000 m Höhe meinen Betrieb in Waldsee überflogen. - Da müßte man jetzt heraufkönnen - war das Stichwort, bei dem ich mich einer Anregung Professor von Brauns aus dem Jahre 1939 erinnerte, mit bemannten Raketen-Interceptoren Bomberabwehr zu betreiben. Wir konnten

So sollte nach den ersten Enwürfen der Einsatz der NATTER aussehen.

damals die Idee nicht verwirklichen, da die zur Verfügung stehenden Rückstoßantriebe dies nicht gestatteten. Aber inzwischen waren fünf Jahre vergangen, Professor Walter (Kiel) hatte das Flüssigkeitstriebwerk für die Me-163 entwickelt, und die Firma Schmidding leistungsfähige, langsam abbrennende Pulverraketen als Starthilfstriebwerke. In dieser Kombination mußte es gehen. Ich sah eine lösbare Aufgabe vor mir.
In wenigen Wochen nahm die NATTER Gestalt an. Aus einer geflügelten Rakete wurde ein Zwitter zwischen Rakete, Flugzeug und Flakgeschoß. Vom Einfachsten kamen wir zum Komplizierten und dann wieder zum Einfachen. Es kostete mich in den folgenden Wochen nach der Auftragserteilung einen beachtlichen Teil meiner Kraft, die NATTER so einfach zu halten, wie sie es dann schließlich wurde.«
Da Bachem vom RLM keine Ausschreibung erhalten hatte, sprach er Adolf Galland (General der Jagdflieger) an, zu dem er ein freundschaftliches Verhältnis pflegte, und reichte über ihn seinen Entwurf BP-20 beim Ministerium ein. Trotz einer weiteren Fürsprache von Rüstungsminister Albert Speer glaubten die zuständigen Stellen im RLM nicht an die Durchführbarkeit des Projektes und Bachem erhielt eine Absage.
Aber Erich Bachem war nicht bereit, diese Niederlage so leicht hinzunehmen. Er war überzeugt von der Brauchbarkeit seines Konzepts und bat um eine Unterredung mit Heinrich Himmler, dessen Vorliebe für unkonventionelle technische Entwürfe bekannt war. Der allgewaltige Reichsführer SS, seit Sommer 1944 auch Chef des deutschen Ersatzheeres, war sofort von diesem Projekt begeistert und gewährte seine volle Unterstützung. Innerhalb von 24 Stunden wurde Bachem informiert, daß das technische Amt seinen Plan der NATTER nochmals begutachtet habe, der nun die höchste Priorität für die Entwicklung bekäme. Himmler bot Bachem sogar an, zur Sicherstellung von Arbeitskräften ein Arbeitslager mit KZ-Häftlingen in Waldsee zu errichten. Bachem jedoch lehnte mit dem Hinweis ab, er brauche gelernte Arbeitskräfte und keine Sklaven.
Zur Namensgebung der NATTER ist nachfolgendes überliefert: Erich Bachem habe, als er über den Plänen der NATTER brütete, zur Entspannung in Shakespeares »Julius Cäsar« gelesen. Dort findet sich unter anderem diese Textstelle: » *... es ist der helle Tag, der die Natter vorwärts bringt ...*«

Erich Bachem

Erich Bachem wurde am 12. August 1906 in Mühlheim an der Ruhr geboren. Nach seinem Abitur am staatlichen Realgymnasium in Mühlheim begann er 1925 mit dem Maschinenbau-Studium an der Technischen Hochschule in Stuttgart. Dort entdeckte er seine Neigung zur Fliegerei, die für ihn zur Leidenschaft werden sollte. Erst war es notgedrungen der Segelflug, da der Versailler Friedensvertrag die Motorflugtätigkeiten in Deutschland stark beschränkte. Zusammen mit seinen Studienfreunden Wolf Hirth, Wolfgang Hütter und Armond Protzen gründete er 1925 die akademische Fliegergruppe, kurz »Akaflieg« genannt.
Im Herbst 1930 beendete »Eriba«, wie ihn seine Studienfreunde nannten, sein Studium als Diplom-Ingenieur. Anschließend wurde er in Berlin zum Flugzeugbaumeister ausgebildet. Durch einige Veröffentlichungen über die Luftfahrt, wie zum Beispiel sein Buch *Das Problem des Schnellstfluges*, machte er sich einen Namen. Am 1. Juni 1933 wurde er Technischer Direktor bei den Fieseler Werken in Kassel; 1938 übernahm er dort die Entwicklungsabteilung. Am 10. Februar 1942 gründete er im oberschwäbischen Waldsee (heute Bad Waldsee), in der Biberacher Straße 98, ein eigenes Unternehmen: Die Bachem Werke GmbH. Mitbegründer war Willy Fiedler, mit dem Bachem seit seiner Studienzeit befreundet war. Die Bachem Werke fungierten als Zulieferbetrieb für die immer weiter aufstrebende Luftfahrtindustrie in

Das Bachem-Werk in Waldsee 1942.

Deutschland. Im Herbst erhielten sie dann den Auftrag über die BP-20 NATTER. Erich Bachem, bekannt für seine außergewöhnlichen Fähigkeiten in bezug auf technische Konzeptionen, brachte viele seiner Ideen in die Konstruktion der NATTER ein, die zum Teil völliges Neuland bedeuteten und in vielen Belangen völlig aus dem üblichen Rahmen fielen. So leistete Erich Bachem auch auf einem anderen Feld Pionierarbeit: Mit der rund 40 kg schweren LERCHE entwickelte er den Vorläufer des modernen Ultraleichtflugzeuges. Nach dem Krieg gründete Erich Bachem die Firma ERIBA (11. Januar 1946); ein Ingenieurbüro, das Zeichnungen für Möbel, Kindersportwagen, Bandschleifmaschinen usw. anfertigte. Weiterhin wurde der Bau von Kopiergeräten und von hölzernen Wohnwagen geplant. Die ERIBA Wohnwagenproduktion wurde in späteren Jahren von der Firma Hymer übernommen. Bachem selbst ging 1948 nach Argentinien, wo er sich mit der Herstellung von Geigen und Gitarren befaßte. 1952 kehrte er nach Deutschland zurück. Er bekam in der Firma seines Schwiegervaters, der Ruhrtaler Maschinenfabrik Schwarz und Dyckerhoff (es wurden dort Lokomotiven hergestellt), die Position des technischen Direktors.
1956 entstand wieder eine Verbindung zum Wohnwagenhersteller Hymer und Erich Bachem konstruierte Wohnwagen für das damalige Karosseriewerk Hymer. Schon seit langem litt Erich Bachem unter den Auswirkungen einer Nierenerkrankung. Die Ärzte hatten eine Schrumpfniere diagnostiziert, an deren Folgen er am 25. März 1960, im Alter von 53 Jahren, in Mühlheim an der Ruhr starb. Im Laufe seines Lebens konnte er seine vielen Talente und seine Ideenvielfalt unter Beweis stellen und ist mit Fug und Recht als Flug- und Raketenpionier in der Geschichte der Luft- und Raumfahrt einzustufen.

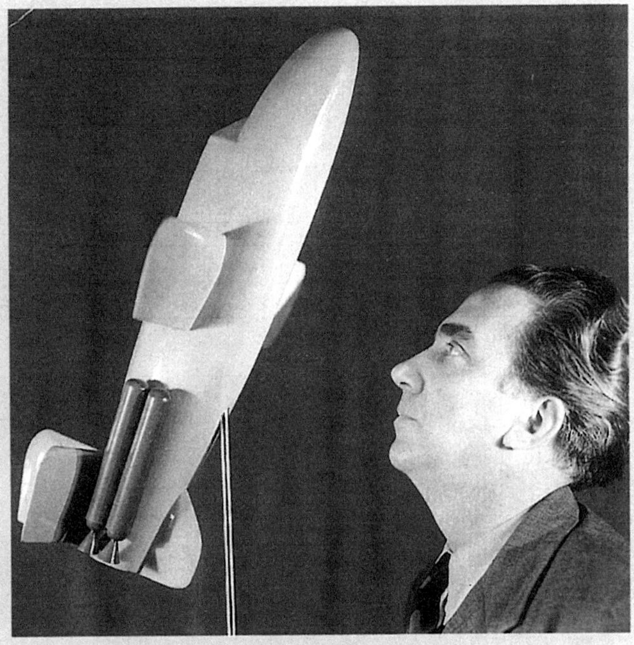

Erich Bachem nach dem Krieg vor einem Modell der NATTER.

Der Urahn der Leichtflugzeuge, die Bachem »Lerche«.

Entwicklung

Im August 1944, als die NATTER bereits ins sogenannte *Jägernotprogramm* aufgenommen worden war, begann die eigentliche Arbeit. Zu diesem Zeitpunkt hatte das RLM seine Auswahl unter den Vorschlägen für einen raketenbetriebenen Abfangjäger getroffen: Das Heinkel-Projekt 1077, gefolgt von Junkers EF 127. Diese liefen unter ihren Decknamen JULIA und DOLLY.
Das RLM begrüßte es nicht, daß auch die NATTER in dieses Programm aufgenommen wurde, aber das von Himmler vertretene Interesse bot genügend Schutz gegen jeden Versuch, das Projekt zu Fall zu bringen. So wurde Bachem die offizielle RLM-Typenbenennung *Ba-349* zugeteilt. Die NATTER-Entwicklungsmannschaft bestand im wesentlichen aus den Herren Erich Bachem, Willy Fiedler, Henri Franz Bethbeder, Friedhelm Christ, Hans Steybe, Eugen Walter, Paul Wildbrett sowie den Herren Farnbauer und Fritz Blessing. Später kamen noch einige andere Mitarbeiter hinzu, darunter die Herren Leimenstoll, Offik, Schneider, Zacher, Zorell, die bestimmte Aufgaben wahrnahmen.
Nach der Auftragserteilung durch das RLM wurde mit Hochdruck an der Verwirklichung der NATTER gearbeitet. Es mußten viele Detailprobleme gelöst werden. Allein die angestrebten Geschwindigkeiten der NATTER bedeuteten teilweise absolutes Neuland, so sollte die NATTER in 16.000 m Höhe eine Geschwindigkeit von 1420 km/h erreichen!
Beim ersten Entwurf sollte der Pilot liegend untergebracht werden. Für die liegende Anordnung des Piloten wurden eigens Schulflugzeuge durch Umbauten des Segelflugzeuges Kranich zum »Liegekranich« hergestellt. Für die liegende Anordnung sprach die mögliche höhere Belastungsfähigkeit des Piloten bei Beschleunigungen und der geringere Querschnitt des

Die Bachem-Mannschaft. Von links nach rechts: Eugen Walter, Friedhelm Christ, Gebhardt Zorell, Henry Franz Bethbeder, Paul Wildbrett (stehend), Farnbauer, Erich Bachem, Hans Steybe, Willy Fiedler und Fritz Blessing.

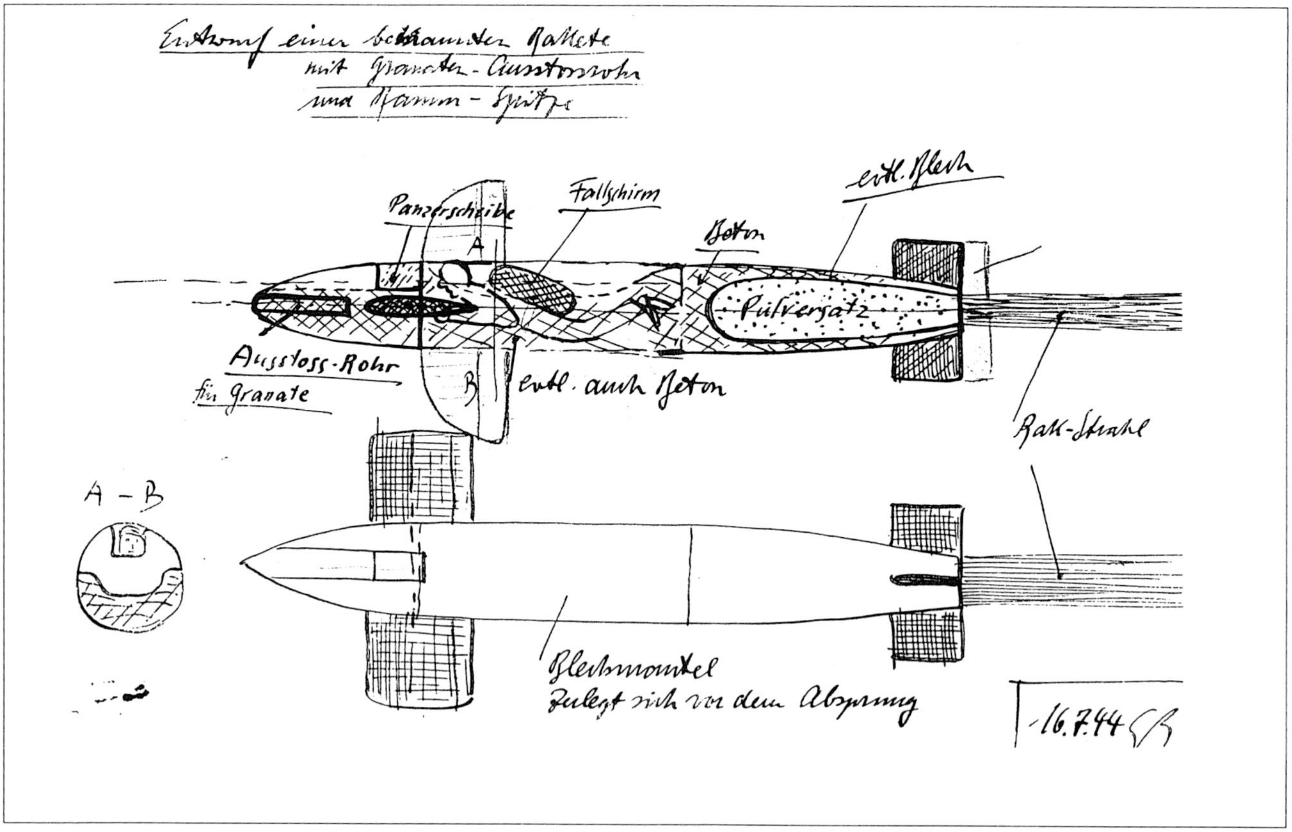

Erste Handskizze der NATTER vom 16. Juli 1944 mit liegender Anordnung des Piloten.

Der für die Schulung der NATTER-Führer zuerst vorgesehene Liegekranich.

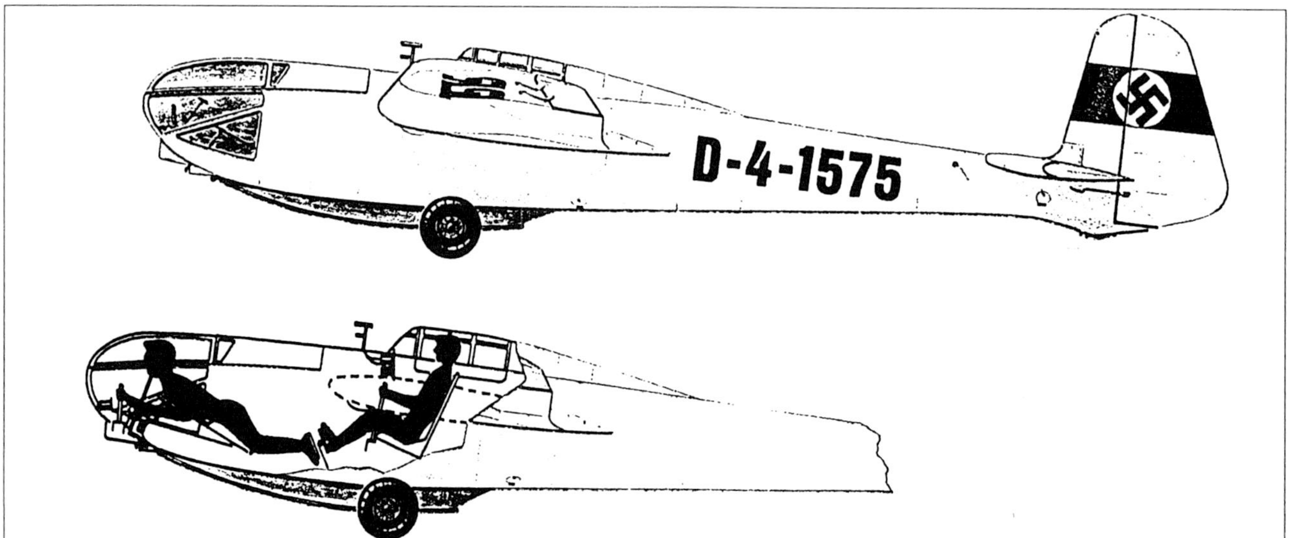

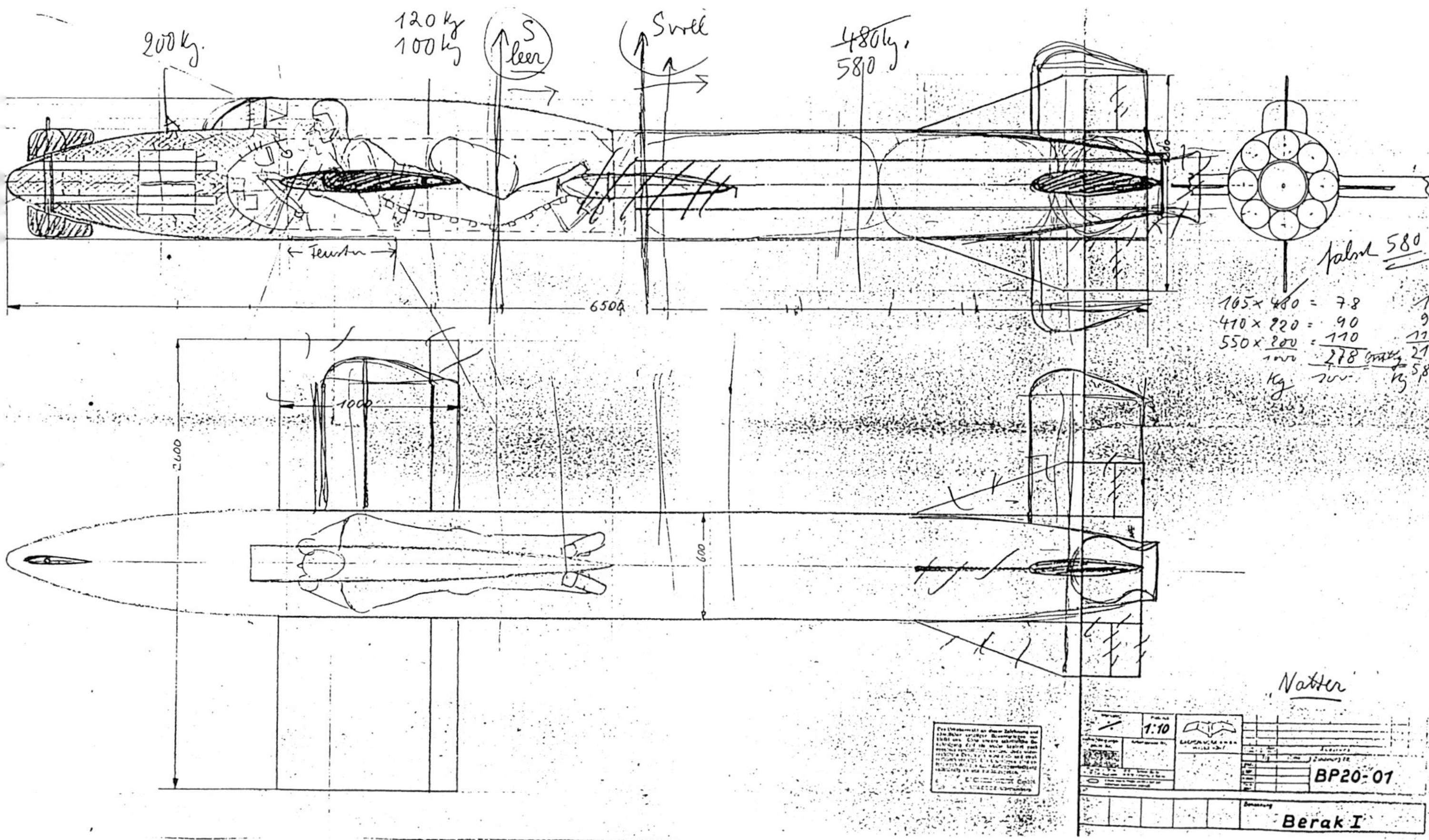

Erste Konstruktionszeichnung der NATTER mit liegendem Piloten. Die Bezeichnung BP20 existiert bereits. Es ist noch die Benennung BARAK I (*Bachem RAKete I*) eingetragen. Bereits in diesem frühen Entwicklungsstadium wurde der Tarnname NATTER auf der Zeichnung vermerkt.

Rumpfes, welcher ein größeres Maß an Sicherheit für den Piloten beim Angriff auf gegnerische Flugzeuge bedeutete, da er ein geringeres Ziel für die Abwehr bot. Da jedoch »Nichtpiloten« nach einer Kurzeinweisung die NATTER steuern sollten und man dafür die liegende Position als Erschwernis betrachtete, kam man recht bald wieder davon ab. Zwischenzeitlich wurde eine »knieende« Anordnung des Piloten angedacht. Da diese Stellung den Mann aber schnell ermüdete, ging man schließlich auf die konventionelle, sitzende Anordnung über und konstruierte diese Variante durch, die dann auch zur Ausführung kam.

Des weiteren führte der anfänglich geplante Schleudersitz zu einer Verkomplizierung der Konstruktion, welche unbedingt einfach gehalten werden sollte. Außerdem waren die Abmessungen der NATTER zu gering, um einen wirksamen Schleudersitz einbauen zu können; folglich wurde entschieden, auf den anfänglich geplanten Rammangriff zu verzichten. Der Pilot sollte die Rumpfnase komplett mit der Windschutzscheibe abwerfen, nachdem er die Raketenbatterie abgeschossen hatte. Gleichzeitig entfaltete sich der Fallschirm, um den verbleibenden Restrumpf abzubremsen, den Piloten herauszuziehen und freizugeben.

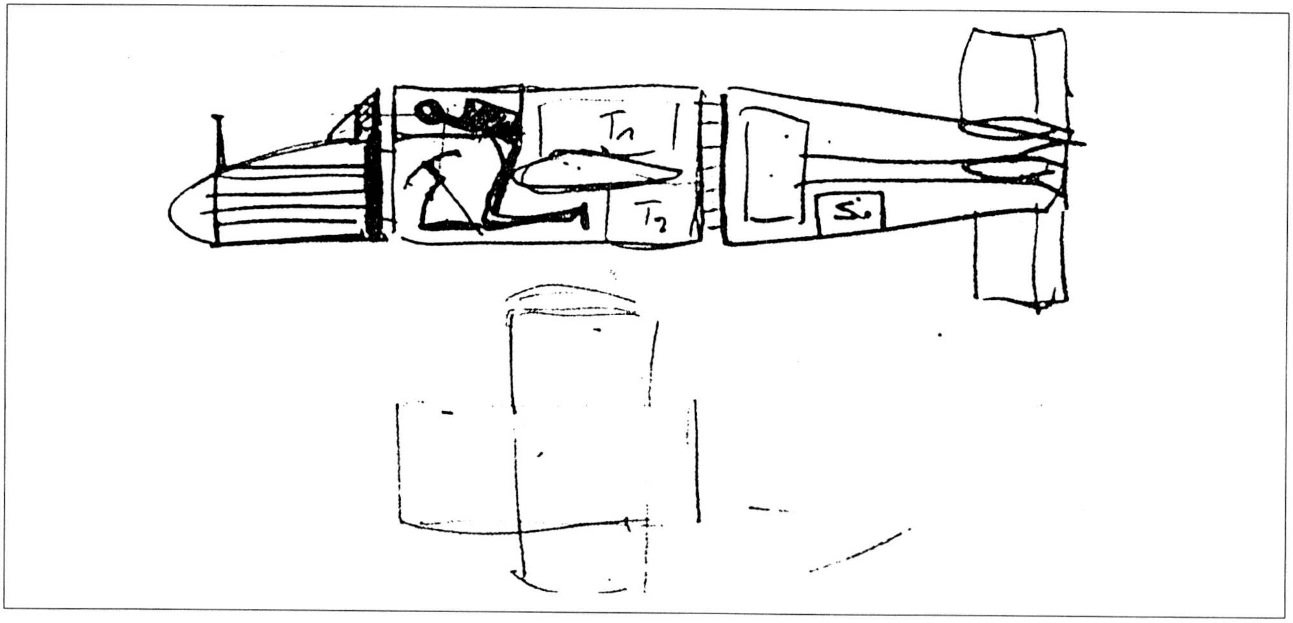

Entwurfsskizze der NATTER mit kniendem Piloten, zu beachten ist das projektierte doppelte Höhenleitwerk.

Verschiedene Bewaffnungsarten wurden während dieser anfänglichen Entwicklungsphase in Betracht gezogen. Neben einer Bewaffnung mit a) vier Maschinenkanonen MK 108; b) einem Trommelgerät, welches ein halbautomatisches, zylindrisches Magazin mit 40 3-cm-Granaten hatte, und c) einer Rohrbatterie mit 48 3 cm SG-119 Raketengranaten wurde d) auch eine Bienenwabe mit sechseckigen Röhren für 73 mm HS-217 »Föhn«-Raketen oder e) für 55 mm R4M »Orkan«-Raketengeschosse geplant. Die Bienenwabe für die größeren Geschosse enthielt 24 Röhren und die für die kleineren Geschosse 33 Röhren. Die Bienenwabenanlage wurde letztendlich für die Serienmaschinen übernommen.

Die Bewaffnung mit vier Maschinenkanonen MK 108, die Rohrbatterie 108 (*Sondergerät SG 119*), sowie die R4M »Orkan«- und die RZ 73 »Föhn«-Raketen wurden schließlich in mehreren Tests erprobt; hierüber wird im Kapitel *Waffenerprobung* noch ausführlich berichtet (siehe Seite 97). Einzelkonstruktionen wurden parallel mit den Windkanal-Versuchen bei der DSV (Deutsche Versuchsanstalt für Luftfahrt) in Braunschweig durchgeführt. Während dieser Windkanaltests wurden Geschwindigkeiten über Mach 0,95 simuliert, ohne daß ungünstige Auswirkungen auf die Stabilität erfolgten. Weiterhin wurden verschiedene Leitwerksformen entwickelt und ihre Vor- und Nachteile im Windkanal getestet.

Vor Kriegsende wurde ein Teil der wissentschaftlichen Mitarbeiter der technischen Hochschule Aachen ins Schloß Ummendorf (Ummendorf bei Biberach) verlagert, um den permanenten Bombenangriffen der Alliierten zu entgehen. Im Keller des Schlosses wurde der größte und leistungsfähigste Analogrechner der damaligen Zeit installiert. Unter der Leitung von Professor Wilhelm Fucks wurden in Kleinstwindkanälen die damit errechneten Werte für den Hochgeschwindigkeitsbereich u.a. auch für die NATTER untersucht.

Um für die geplante Steilstarterprobung ein geeignetes Gelände zu bekommen, nahm die Bachem-Mannschaft im September 1944 Kontakt mit der Erprobungstelle Karlshagen auf dem Raketenversuchsgelände Peenemünde auf. Es war geplant, für die NATTER-Versuche einen Geländebereich auf der Greifswader Oje abzutrennen und die Schießversuche in Richtung See durchzuführen. Dies hätte jedoch die Bergung der am Fallschirm niedergegangenen NATTER erschwert. So kam man nach einigen Überlegungen auf das Testgelände am Truppenübungsplatz Heuberg bei Stetten am kalten Markt in Württemberg. Die Bedingungen dort erwiesen sich als ideal, zumal auch der Antransport vom Bachem-Werk in Waldsee nur rund. 50 km betrug. Während der kurzen Existenz der NATTER wurden schließlich neben den Mustermaschinen noch drei Einsatzvarianten konstruiert, von denen noch zwei kurz vor Kriegsende realisiert werden konnten und in einigen Exemplaren gebaut wurden.

Am 27. November 1944 gab Bachem die Projektbeschreibung der BP-20 NATTER heraus (*BP* steht für *Bachem Projekt*, es wurde auch die Bezeichnung *BARAK I* für*BA*chem *RAK*ete I verwendet).

Die NATTER war vollständig aus Holz hergestellt. Vor dem Cockpit, welches mit einer 6 cm dicken Panzerglasscheibe geschützt war, befand sich die Bewaffnung im Bugkonus. In der Mitte des Rumpfes befanden sich die Kraftstofftanks und am Rumpfheck war das Kreuzleitwerk angebracht. Die Enden der Tragflächen und der untere Teil des Kreuzleitwerks waren für das Gleiten in den Schienen der Abschußrampe verstärkt.

Die Bachem Ba-349 A (1.Einsatzversion) war mit dem Flüssigkeitsraketentriebwerk HWK 109-509 A der Firma Walter in Kiel ausgestattet. Die Ba-349 B (2. Einsatzversion) hingegen war mit dem Triebwerk HWK 109-509 D mit sogenanntem *Marschofen* ausgerüstet. Damit eine längere Flugdauer erzielt werden konnte, war der Rumpf der B-Version etwas dicker ausgeführt

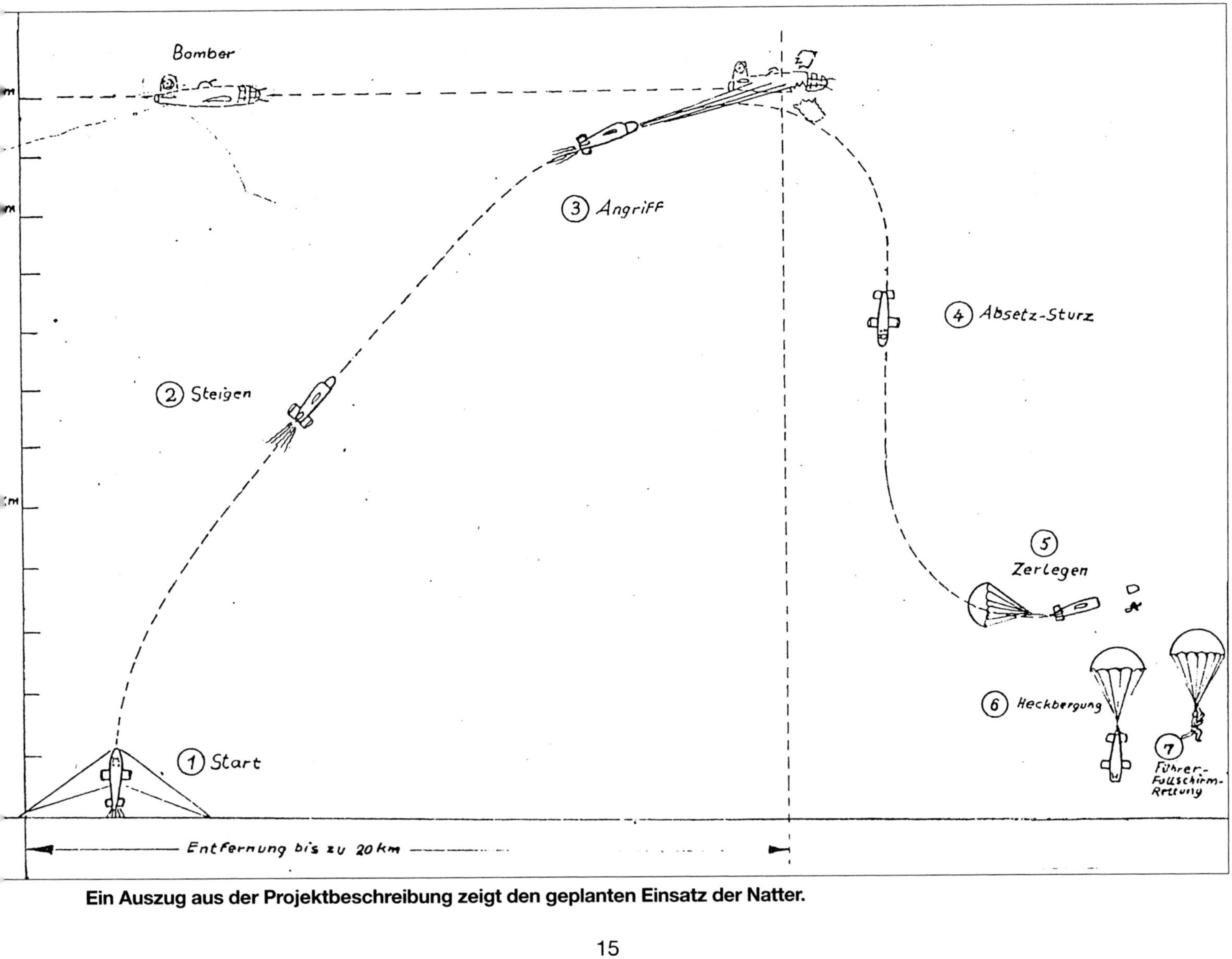

Ein Auszug aus der Projektbeschreibung zeigt den geplanten Einsatz der Natter.

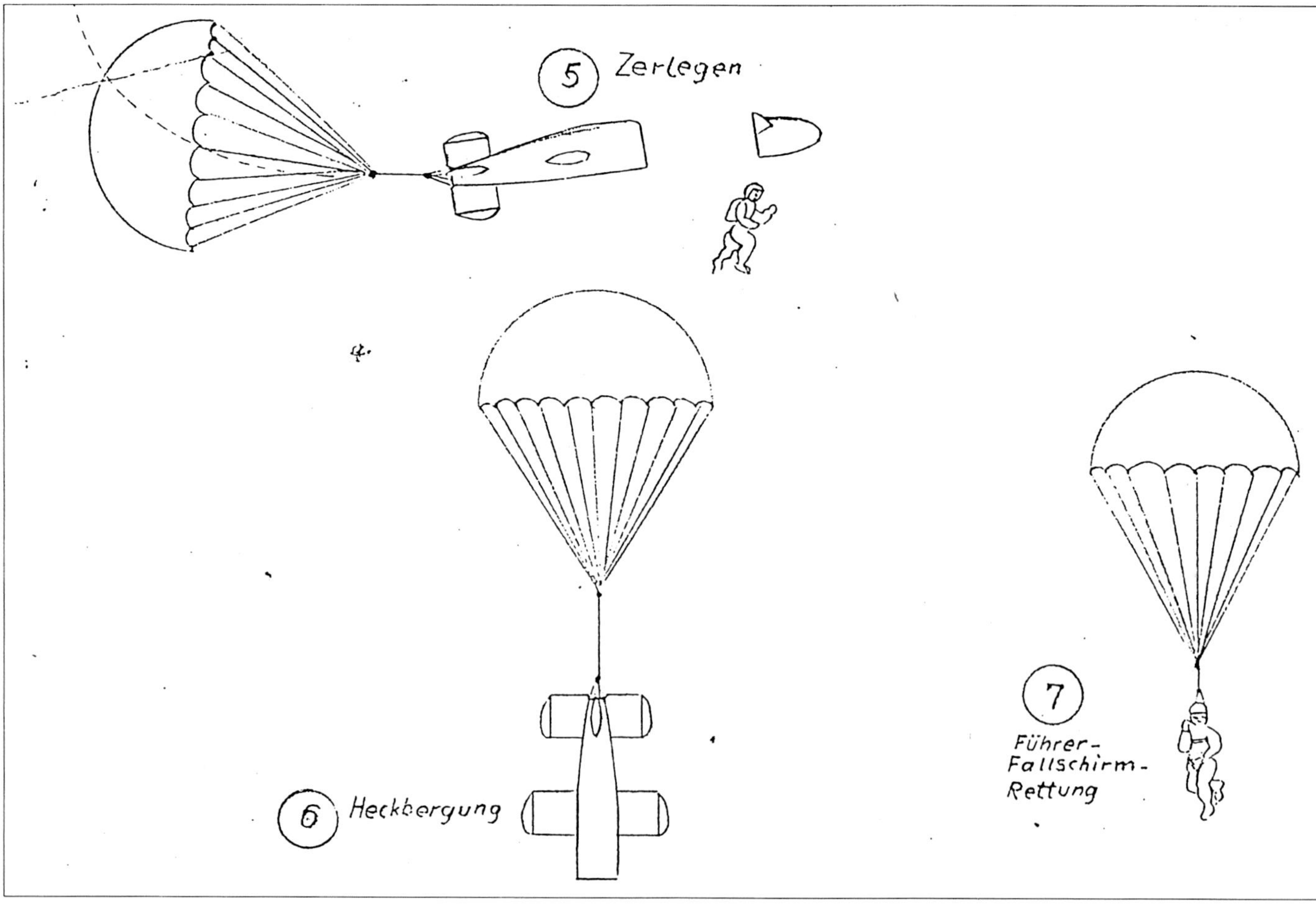

Die Absetzphase, hier noch einmal vergrößert dargestellt.

als jener der A-Version und ca. 30 cm länger. Die Ba-349 C (3. Einsatzversion) entsprach in ihren Abmessungen der B-Version, allerdings waren ihre Tragflächen für den Transport abnehmbar ausgeführt und etwas nach hinten versetzt angebracht, außerdem war das Höhenruder auf das Seitenleitwerk aufgesetzt (T-Leitwerk). Die Tanks enthielten 365 Liter T-Stoff (80 prozentiges Perhyadrol) und 165 Liter C-Stoff (57 prozentiges Methanol und 30 prozentiges Hydrazinhydrat), die angegebenen Treibstoffmengen beziehen sich auf die der A-Version.

Das Triebwerk selbst bestand aus der Förderanlage, dem Regler und der Brennkammer. Zum Start wurde mit einem Schalter ein Elektromotor in Gang gesetzt, der eine kleine Turbine antrieb. Es wurde eine kleine Menge T-Stoff in den Dampferzeuger geleitet und nach dem Abschalten des Elektromotors wurde die Turbine durch den Dampferzeuger angetrieben. Die Turbine wiederum pumpte nun T- und C-Stoff aus den Tanks in die Regleranlage. In einer Druckwaage wurden die Mengen aufeinander abgestimmt und über zwölf Röhren zur Brennkammer geleitet. Beim Zusammentreffen der zerstäubten Flüssigkeiten entstand eine explosionsartige, kontinuierliche Verbrennung in einer Stichflamme deren Druck bis etwa 24 atü betrug. Die Leistung des Triebwerks betrug am Boden etwa 4000 PS, dabei wog das ganze Triebwerk nur ca. 150 kg.

T-Stoff konnte nur in Aluminiumbehältern transportiert werden, da er Eisen sofort verrosten ließ und Gummi und andere organische Stoffe in kürzester Zeit ver-

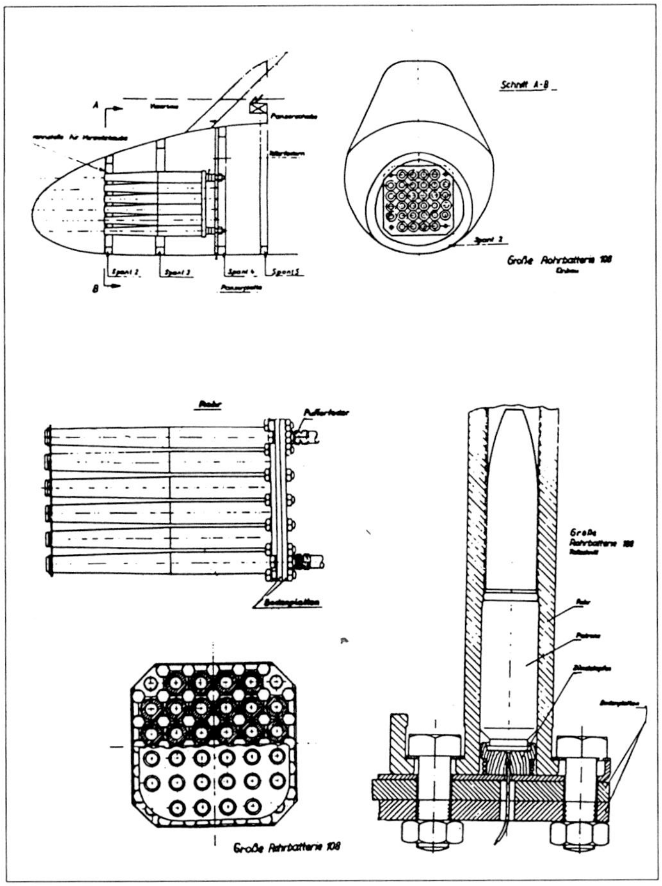

Die Rohrbatterie 108 (Sondergerät SG 119).

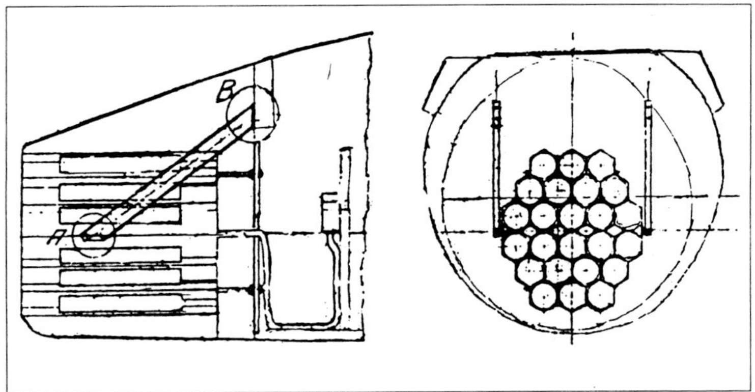

Bienenwabe mit 24 Sechskantröhren für R4M-Raketen.

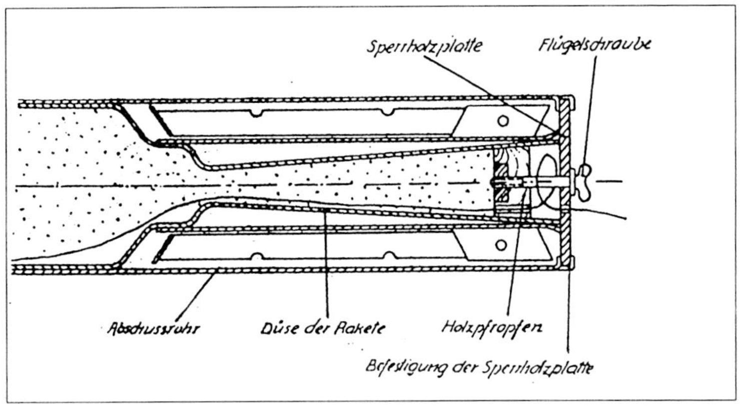

Befestigung der Rakete im Abschußrohr.

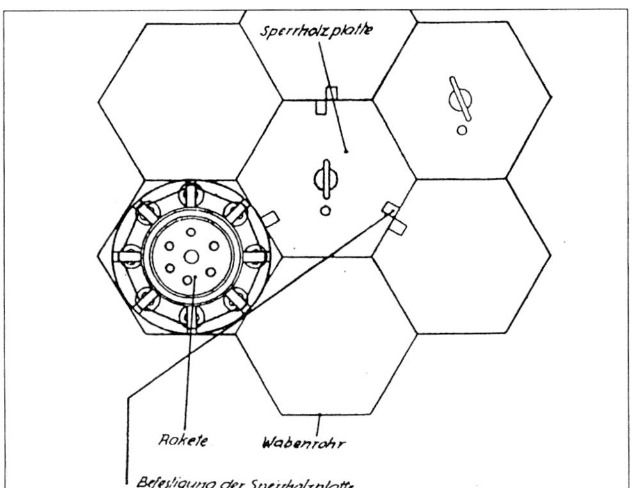

Wabenanordnung mit Rakete.

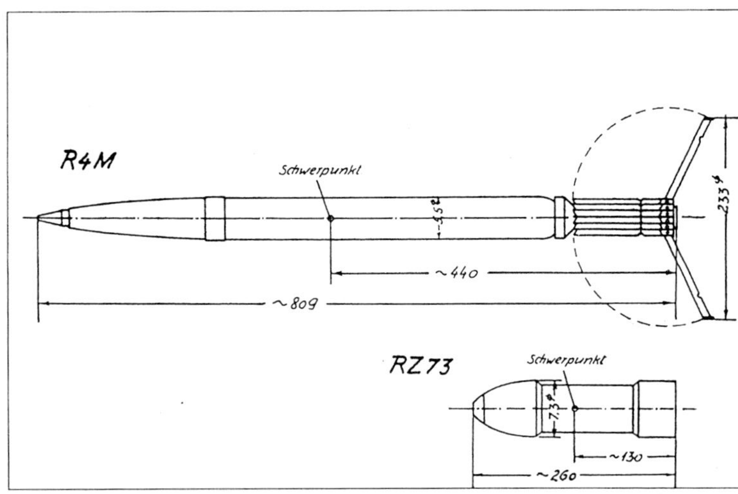

Größenvergleich zwischen den Luft-Luft-Raketen R4M »Orkan« und RZ73 »Föhn«.

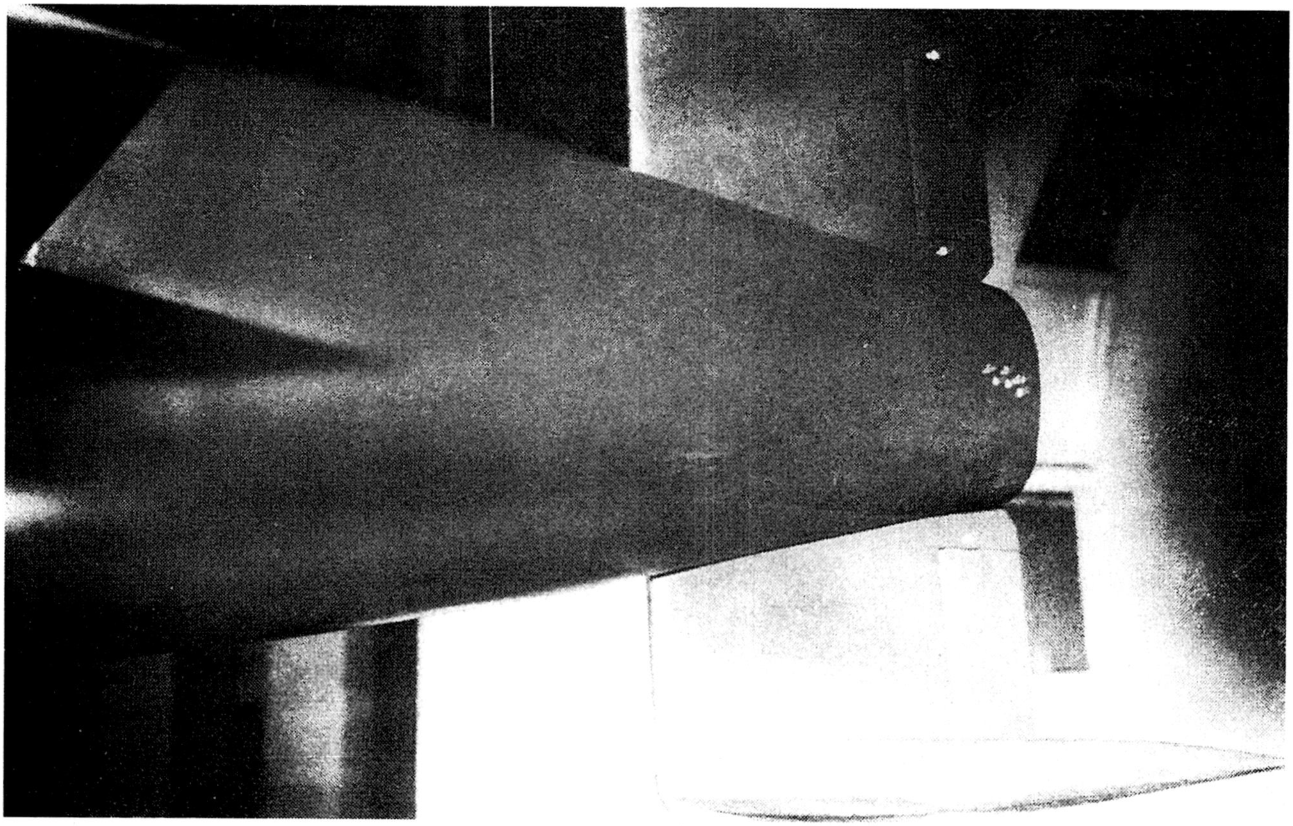

Windkanalmodell mit T-Leitwerk (das Modell hängt mit dem Leitwerk nach unten).

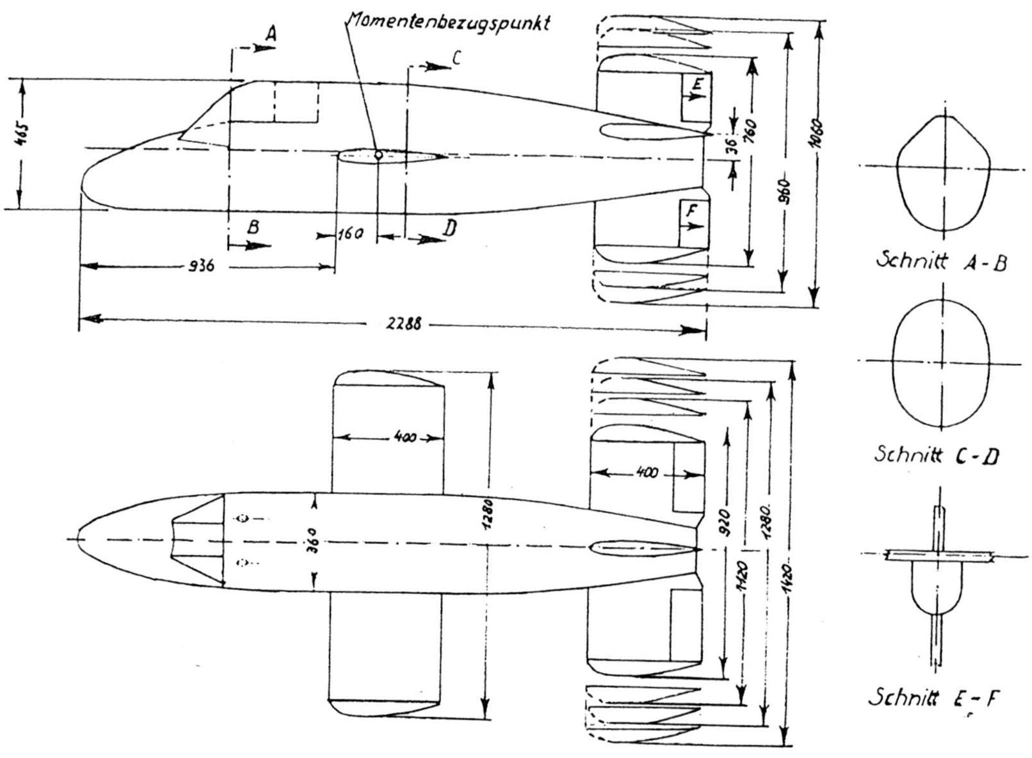

Übersicht der BP-20 M7 mit verschiedenen Leitwerksvarianten.

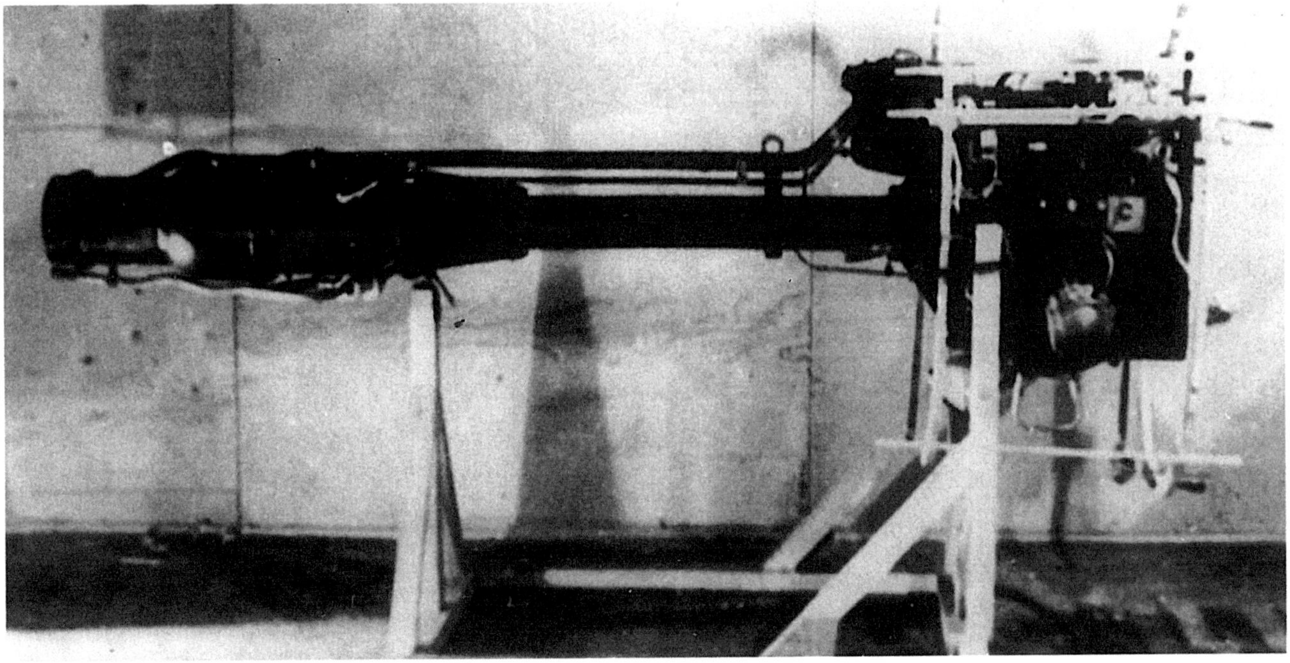

Walter-Triebwerk HWK 109-509.

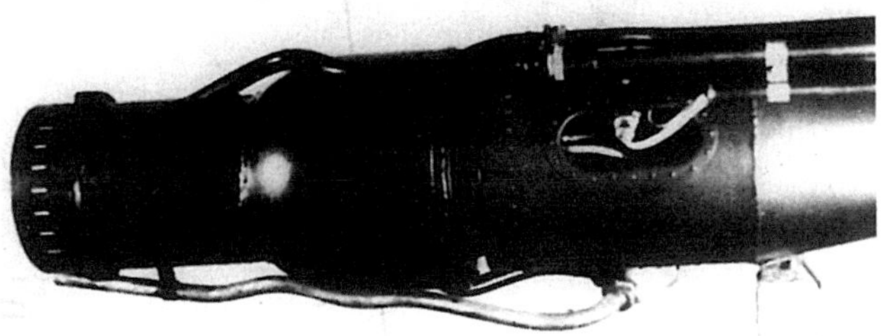

Die Düse des Walter-Triebwerks.

brannte. Für T-Stoff-Schläuche wurde der Kunststoff Mipolam verwendet. Die T-Stoff-Tanks mußten sorgfältig unter Verschluß gehalten werden, da jede Verunreinigung, z.B. durch Insekten oder Staub, unweigerlich zur Explosion führte.
C-Stoff dagegen durfte nur in glasierten, emaillierten oder eloxierten Behältern gelagert werden, da C-Stoff wiederum das Aluminium zerfraß. Man kann sich nun sicherlich vorstellen, daß man im Umgang mit den Treibstoffen höllisch aufpassen mußte.
Die Starthilfen waren so ausgerichtet, daß ihre Wirkunglinien im Schwerpunkt der NATTER zusammenliefen. Diese Anordnung, die den Einfluß der ungleichmäßigen Schubstöße der Starthilfen auf die Stabilität der Flugbahn minderte; besonders am Anfang und am Ende der Verbrennung, ermöglichte es, auf eine Spezialvorrichtung für den gleichzeitigen Abwurf der vier Starthilfen zu verzichten. Nachdem die Zusatzraketen abgebrannt waren, fielen sie automatisch zu Boden. Die vier Zusatzstartraketen entwickelten einen Schub von je 1200 kp für ca. zehn Sekunden. Man konnte auch zwei Raketen mit je 2400 kp Schub verwenden.
Die Automatiksteuerung übernahmen drei Kreiselgeräte der Firma Siemens. Sie steuerte die Servomotoren an, die auf das Höhenruder und auf das Seitenruder wirkten. Die Geräte waren die üblichen Muster, wie sie in deutschen Flugzeugen standardmäßig eingebaut wurden. Eine Spezialvorrichtung, ähnlich jener, die automatisch die Manöver beim Sturzflug eines Kampfflugzeugs steuerte, sicherte die Kontrolle der verschiedenen Bewegungen, die von der Steuerung vorgesehen waren:

— Beim Start, vertikale Flugbahn auf eine bestimmte Höhe
— Ab einer bestimmten Höhe geneigte Flugbahn von

Regleranlage des Walter-Triebwerks.

Unten: Zusatzstartraketen SG34 der Firma Schmidding.

ca. 45° zur Vertikalen bis zum Erreichen des Angriffspunktes

— Nach dem Angriff Absetzsturz auf die Vertikale und Abfangen bei ca. 1000 m

Die NATTER mußte die Flugbahn erreichen, die von den Bombern vorgegeben wurde, und rund 2 km hinter dem letzten Flugzeug des Bomberpulks ankommen. Dies setzte voraus, die Koordinaten des Startgerüstes und den Zeitpunkt des Abfluges vorzugeben. Die Vorgaben teilten die Ortungsstellen mit, die zu jedem Zeitpunkt die Position der anfliegenden Feindlverbände bestimmten. Ein Einsatz war natürlich nur sinnvoll, wenn die anzugreifenden Flugzeuge nahe genug an die Abschußrampen der NATTER herankamen. Daher war vorgesehen, die NATTER in Einflugschneisen der Bomber als Objektschutz wichtiger Industriezentren einzusetzen
Zuerst wollte man die NATTER mit 33 Geschossen vom Typ »Föhn« bestücken, entschied sich dann aber für 24 Raketen R4M, deren Zahl schließlich auf 48 erhöht wurde. Ein einziges Geschoß wurde als ausreichend betrachtet, um einen viermotorigen Bomber abzuschießen oder außer Gefecht zu setzen. Die Raketen sollten mit je

Düsen der Zusatzstartraketen.

einer halben Sekunde Verzögerung gezündet werden, um die Zelle nicht einer zu hohen Belastung auszusetzen.
Aufgrund der beträchtlichen Geschwindigkeit der NATTER im Vergleich zu den Bombern konnten Geschosse mit geringer Anfangsgeschwindigkeit eingesetzt werden, ohne daß die Treffergenauigkeit litt.
Nach Bekanntgabe der Projektbeschreibung wurden bereits Pläne für den weiteren Ablauf der Produktion geschmiedet. Nach der Fertigstellung von zunächst 50 Mustermaschinen sollte bereits ab Januar 1945 eine Nullserie von 200 Maschinen anlaufen; die eigentliche Großserie sollte Mitte Februar 1945 beginnen. Diese überaus ehrgeizigen und völlig unrealistischen Pläne konnten allerdings in keinster Weise verwirklicht werden. Für die Pilotenausbildung, die Anfang März 1945 beginnen sollte, sollten ab Dezember 1944 entsprechende Schulgeräte entwickelt und erprobt werden. Zur Kurzschulung wurde der Umbau von zweimotorigen Flugzeugen zu »Schulnattern« angestrebt. Der Flugschüler sollte, im Führeraum liegend, lediglich den Anflug aufs Ziel lernen, da konventionelle Starts und Landungen bei NATTER-Einsätzen ja entfielen - ein großer Vorteil unter dem herrschenden Zeitdruck.
Auf den nachfolgenden Seiten sind eine Reihe Übersichtspläne, technische Daten und Schnittbilder dargestellt, die einen sehr guten Einblick in das Innenleben und den Aufbau der NATTER ermöglichen.
Für die vorgesehenen Testreihen sollten 50 Mustermaschinen gefertigt werden. Die ersten zehn Maschinen dienten zur Erprobung der Flugeigenschaften, welche im Tragschlepp und in Gleitflügen erprobt werden sollten. Mit weiteren zehn Mustermaschinen sollten, nach dem Hochschleppen auf Höhe, Testflüge mit Triebwerk erfolgen. Ebenfalls zehn Mustermaschinen waren für unbemannte Steilstarts aus einer Startlafette vorgesehen. Danach sollten mit zehn unbemannten Mustermaschinen Starts mit Automatiksteuerung, sowie mit

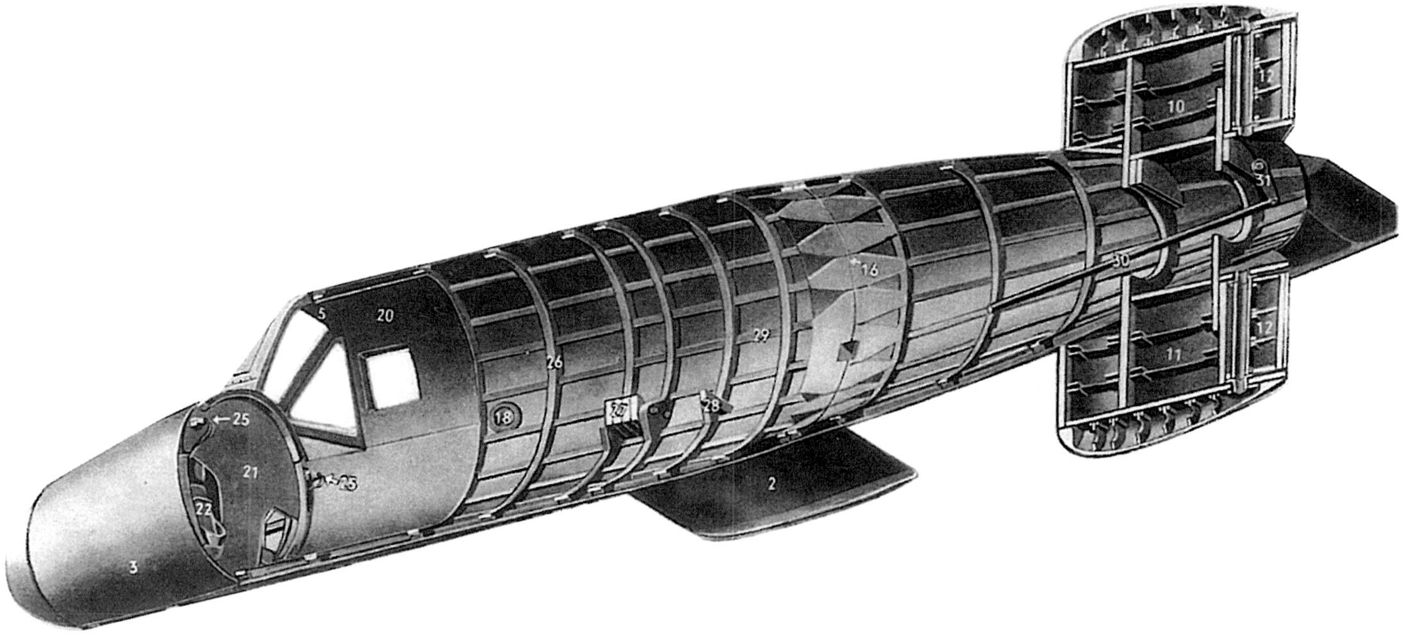

Schnittbilder der Natter.

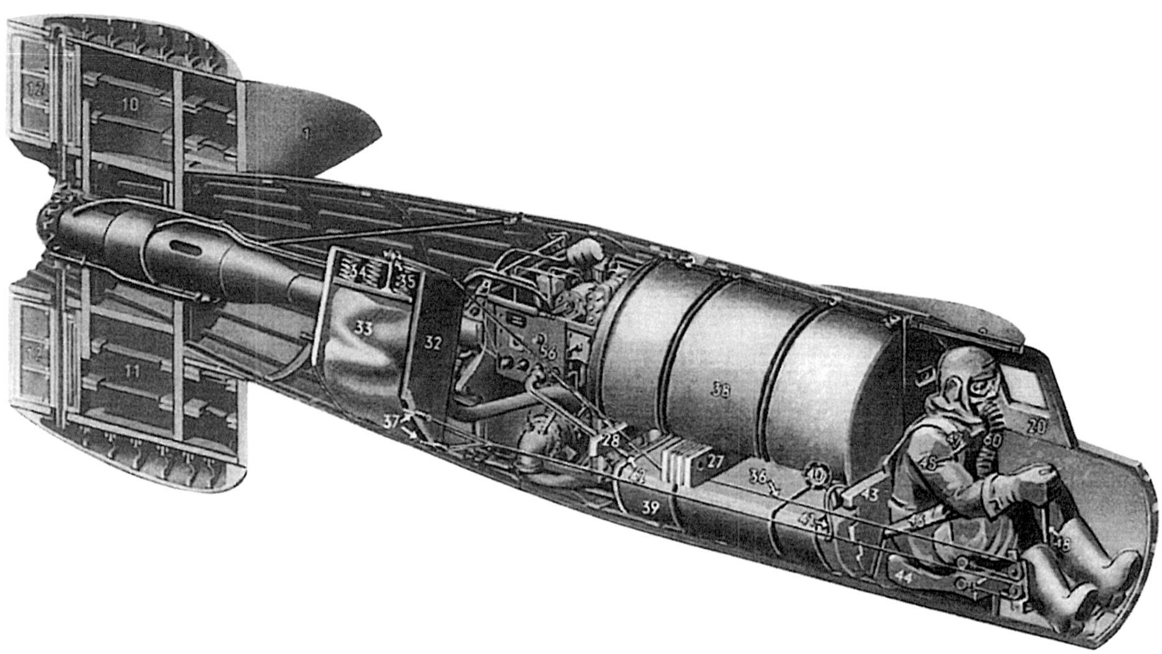

Puppe als Flugzeugführer und mit voller Triebwerksausrüstung stattfinden. Zum Schluß sollten dann zehn Maschinen bemannt aus der Startlafette aufsteigen.
Nachdem man sich eine große Wirkung durch den Nattereinsatz erhoffte, machte sich der Einfluß der SS immer stärker bemerkbar; so wurden u.a. die Herren Dipl.-Ing. Heinz Flessner (SS-Obersturmführer) und Ing. Gerhard Schaller (SS-Obersturmführer) nach Bad Waldsee abkommandiert und dort mit der Schaffung des Sonderkommando 600 N beauftragt. Später kam noch Ing. Hans Zacher (SS-Obersturmführer und Kommandoführer) dazu. Bereits im Herbst 1944 hatte Obergruppenführer und General der Waffen-SS Dr. Hans Kammler den Oberbefehl über die Natterentwicklung übernommen.

In der Praxis wurde jedoch der überwiegende Teil der Entwicklungsarbeit und der Erprobungstätigkeiten von Luftwaffenpersonal, Zivilisten und Angestellten der Bachem-Werke ausgeführt.
Die SS als oberster Auftraggeber versuchte hingegen immer wieder, die Entwicklung in immer engere Terminabstände zu pressen und stellte schließlich eigenes Personal zur »Terminüberwachung« zur Verfügung. Es wurden von der SS auch Arbeitskräfte speziell zur termingerechten Durchführung der K-Aktion (Unternehmen »Krokus«, siehe Kapitel Ersteinsatz, ab Seite 103) an die Bachem-Werke in Waldsee abgestellt.
Schon im Oktober 1944 war die Entwicklung soweit vorangetrieben worden, daß mit dem Bau der ersten Mustermaschinen begonnen werden konnte. Am 3. November 1944 stand die PB-20 M1 zur Mustererprobung im Tragschlepp in Neuburg an der Donau bereit.

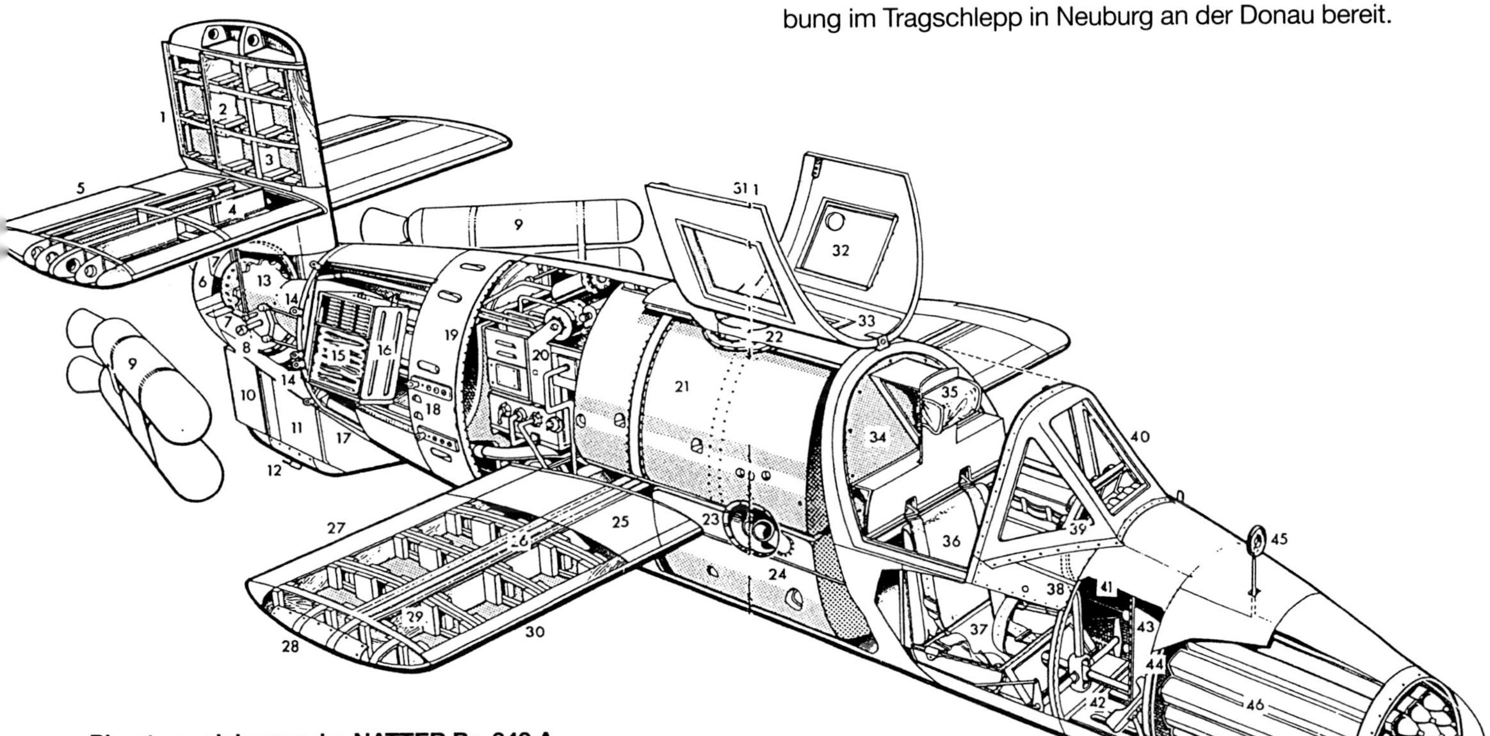

Phantomzeichnung der NATTER Ba-349 A.
1. Ruder, 2. Ruderhinterholm, 3. Holzkonstruktion, 4. Holz-Höhensteuer, 5. Höhenruder, 6. Düse, 7. Düsenregelung, 8. Triebwerksregelung, 9. Abwerfbare Startraketen, 10. Seitenruder, 11. Seitenflosse, 12. Gleitschuh für Start, 13. Brennkammer, 14. hintere Raketenbefestigung, 15. Rettungsschirm, 16. federbetätigter Auswurfbehälter, 17. Fallschirmauswurf, 18. Vordere Raketenbefestigung, 19. Trennstelle des Rumpfes, 20. Walter-Triebwerk, 21. T-Stoff Tank, 22. T-Stoff Einfüllstutzen, 23. C-Stoff Einfüllöffnung, 24. C-Stoff Tank, 25. Tragfläche, 26. Holm, 27. Flügelhinterkante, 28. verstärkte Endkappe für Führungsschiene, 29. Holzrippen, 30. Nasenleiste, 31. Kabinenhaube, 32. Seitenfenster, 33. Haubenscharnier, 34. Rückenpanzerung, 35. Nackenstütze, 36. Sitzlehne, 37. Sitzwanne mit Gurten, 38. Steuerknüppel, 39. Instrumentenbrett, 40. Windschutzscheibe aus Panzerglas, 41. Rettungsschirm, 42. Ruderpedale, 43. Brandspant, 44. Panzerung, 45. Visier, 46. Raketenbatterie, 47. R4M-Raketengeschoße, 48. Abwerfbare Plexiglaskuppel.

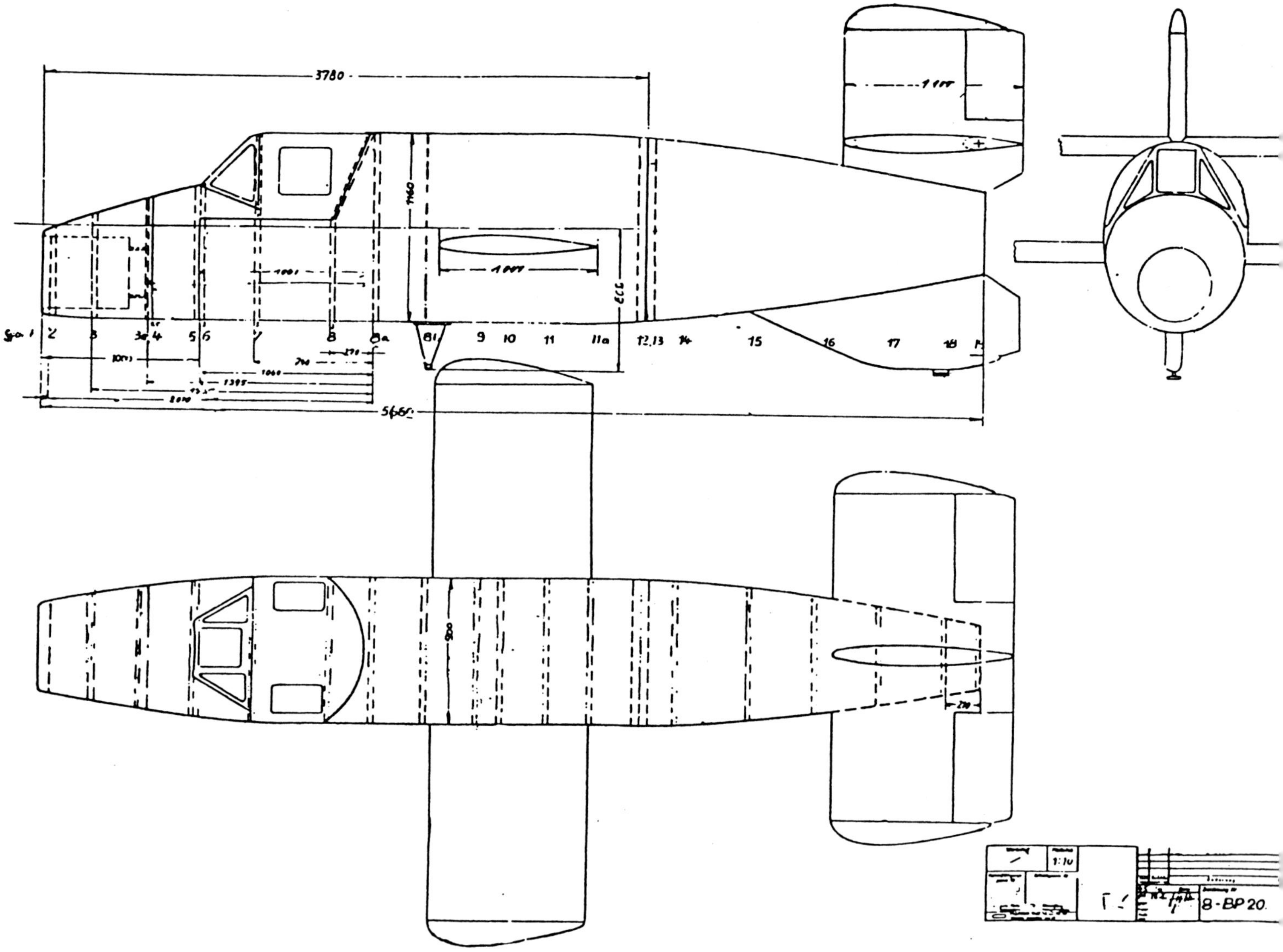

Dreiseitenansicht der Natter (Werkszeichnung Bachem-Werk).

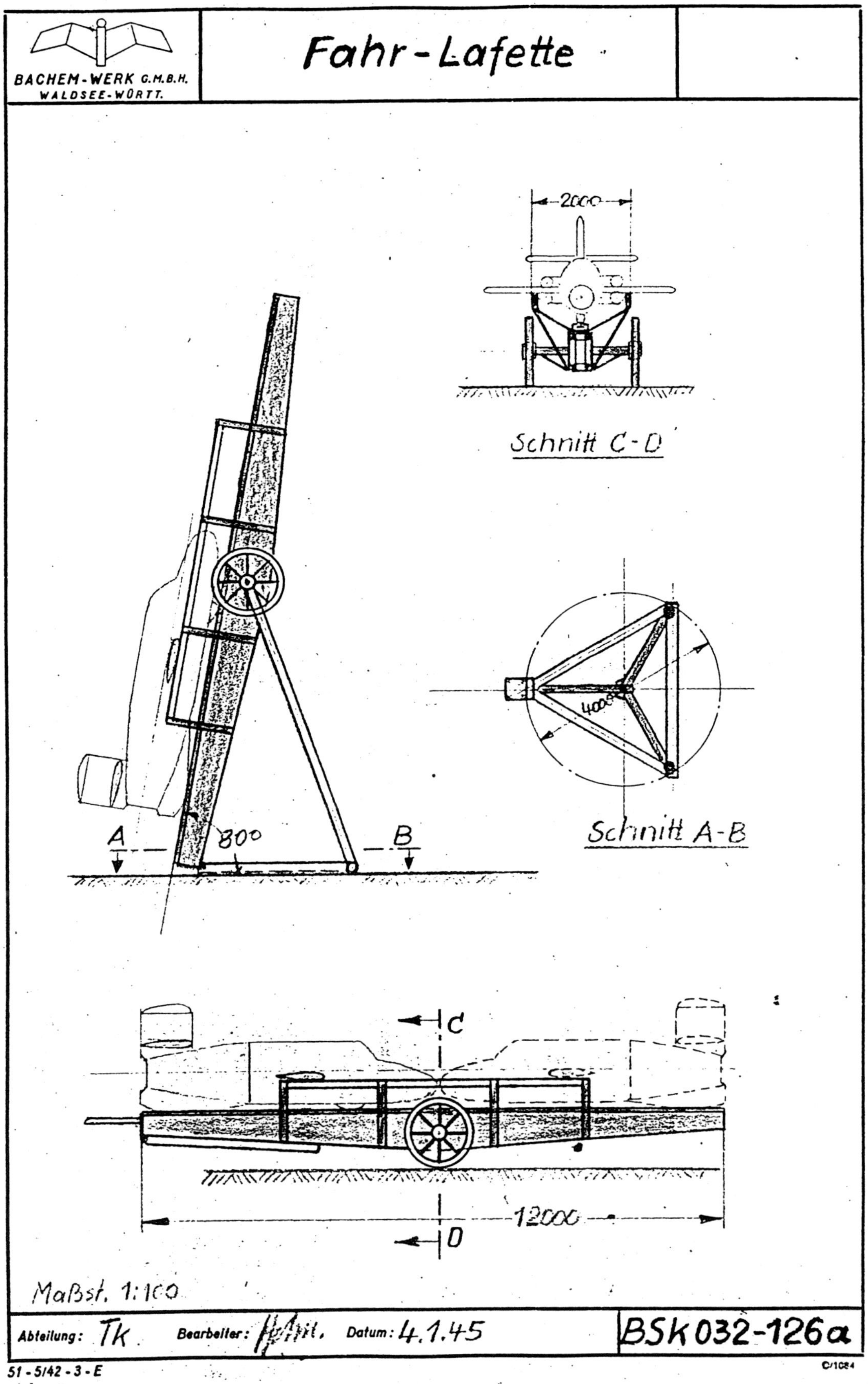

Die projektierte fahrbare Abschußrampe.

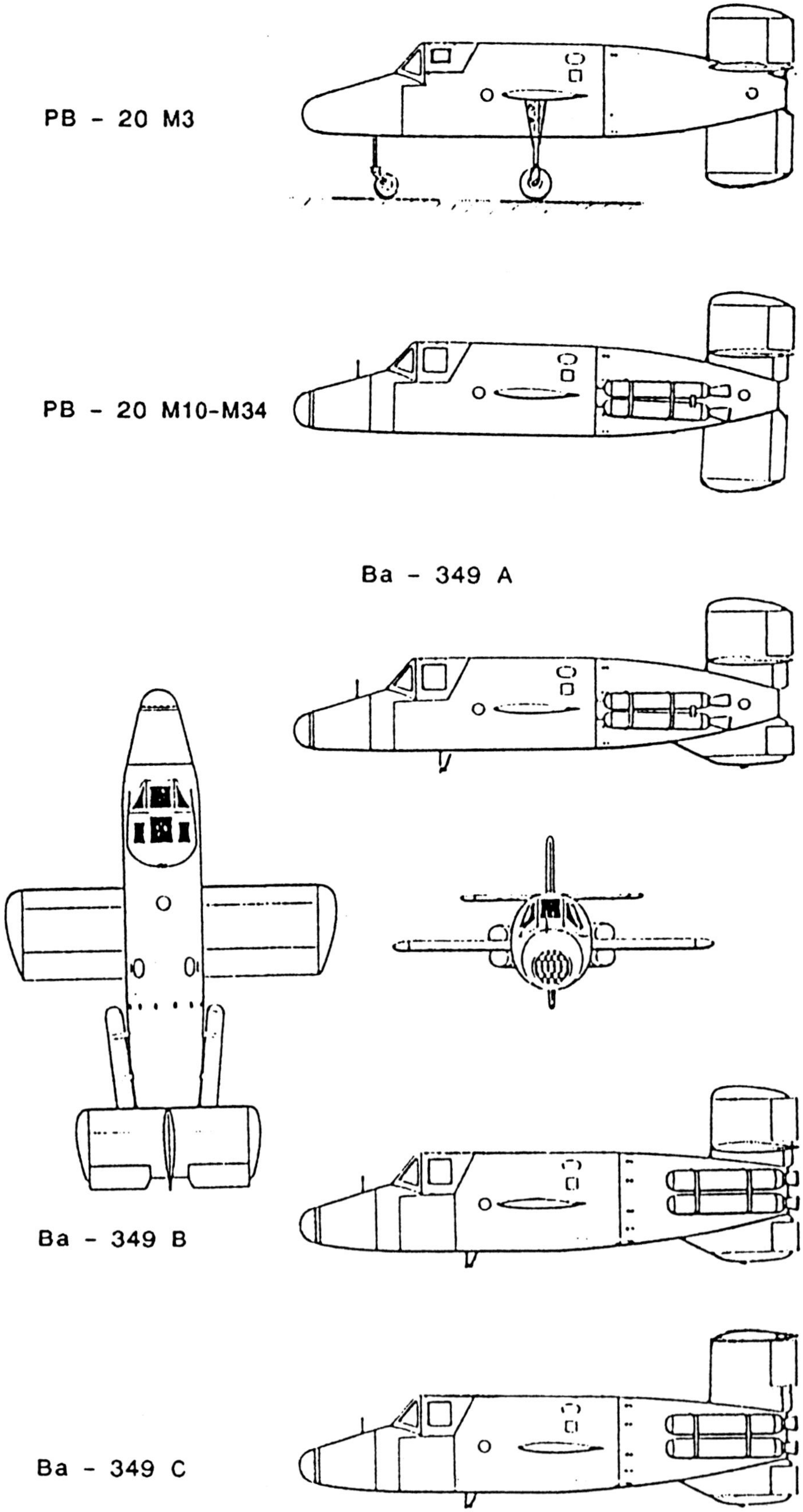

Übersicht der Nattervarianten.

Technische Daten

Technische Daten	Ba-349 A	Ba-349 B	Ba-349 C
Spannweite	3,6 m	4,00 m	
Flügelfläche	3,6 m^2	4,7 m^2	
Flächentiefe	1,00 m	1,20 m	
Flächenbelastung, voll	453 kg/m^2	568 kg/m^2	
	leer	222 kg/m^2	233 kg/m^2
Länge	5,72 m	6,02 m	
Höhe	2,20 m	2,23 m	
Rumpfhöhe	1,17 m	1,30 m	
Rumpfbreite	0,90 m	0,90 m	
Höhenleitwerksspannweite	2,30 m	2,40 m	
Höhenleitwerksfläche	2,30 m^2	2,40 m^2	
Höhenleitwerkstiefe	1,00 m	1,00 m	
Treibstoff, gesamt	600 kg	750 kg	
T-Stoff	365 l	520 l	520 l
C-Stoff	165 l	190 l	190 l
Startraketen	4 x SG 34	4 x SG 34	4 x SG 34
Triebwerk, Typ	HWK 109-509 A-2	HWK 109-509 D	HWK 109-509 D
Schub, regelbar	300-1700 kp	150-2000 kp	150-2000 kp
Schub der Startraketen	4 x 1200 kp sec	4 x 1200 kp sec	4 x 1200 kp sec
Gewicht der Raketen	460 kg	460 kg	460 kg
Leergewicht	800 kg	1095 kg	
Startgewicht	1630-2050 kg	2270 kg	2050 kg
Bewaffnung	33 x Föhn	33 x Föhn	
	24 x R4M	4 x MK 108	48 x SG 119
			(je 30 Schuß) 24 x R4M
Höchstgeschwindigkeit	1000 km/h	1000 km/h	
Steiggeschwindigkeit	880 km/h	675-790 km/h	790 km/h
Gipfelhöhe	16.000 m	16.000 m	
Reichweite bei 300 kp Schub in 3000 m Höhe	45,5 km	59,5 km	
Reichweite bei 100 kp Schub in 3000 m Höhe	93,5 km	73,0 km	
in 6000 m Höhe	97,5 km	74,0 km	
in 9000 m Höhe	—	92,0 km	60,6 km
in 12.000 m Höhe	—	81,0 km	41,5 km
Steigwinkel nach dem Start	60°	60°	54°
Steigzeit auf 3000 m in	0,35 min	0,37 min	0,55 min
auf 6000 m in	0,60 min	0,62 min	0,83 min
auf 9000 m in	0,80 min	0,87 min	1,10 min
auf 12000 m in	1,05 min	1,125 min	1,40 min
Kampfzeit in 3000 m Höhe	4,60 min	7,40 min	5,95 min
in 6000 m Höhe	5,15 min	7,80 min	6,10 min
in 9000 m Höhe	4,85 min	7,45 min	5,25 min
in 12.000 m Höhe	3,90 min	6,75 min	3,90 min
Flughöhe nach reinem Steigflug	15 km in 76 sec	15 km in 84 sec	
Startbeschleunigung in 0 m Höhe	21,5 m/sec2	19,5 m/sec2	
Höhe beim Startraketenabwurf	1180 m	1050 m	
Geschwindigkeit beim Startraketenabwurf	221 m/sec	216 m/sec	
Zeit bis zum Startraketenabwurf	10 sec	10 sec	10 sec

Stand Oktober/November 1944

4

Erprobung

Nach der Fertigstellung der ersten Mustermaschinen erfolgte die Erprobung der Flugeigenschaften der NATTER im Tragschlepp sowie parallel die Erprobung des Abschußverhaltens aus einer senkrechten Startlafette. Die Tragschlepperprobung erfolgte auf dem Flugplatz Neuburg an der Donau mit den Testpiloten Erich Klöckner und Hans Zübert. Pilot der Schleppmaschine war jedesmal Flugkapitän Hermann Zitter. Die Flugversuche standen unter der Leitung von Professor Ruden der DFS (Deutsche Forschungsanstalt für Segelflug) in Ainring.
Die Steilstartversuche erfolgten auf dem sogenannten Ochsenkopf innerhalb des Truppenübungsplatzes Heuberg bei Stetten am kalten Markt. Bevor die Steilstartversuche am Ochsenkopf begannen, hatte das Bachem Werk in Waldsee Standversuche mit den Starthilfsraketen ausgeführt. Desweiteren hatten die Waldseer in einer Atrappe der NATTER einen Pendelsitz eingebaut, der sich der jeweiligen Fluglage anpassen sollte, damit der Pilot immer waagerecht saß. Dieses Konzept wurde jedoch nicht verwirklicht.

Die Mustermaschine M1 am 3. November 1944 auf ihrem Startwagen in Neuburg, kurz vor dem Erstflug. Die Kabinenhaube ist nach links aufgeklappt und daher nicht sichtbar.

Starthilfsraketen in Aktion.

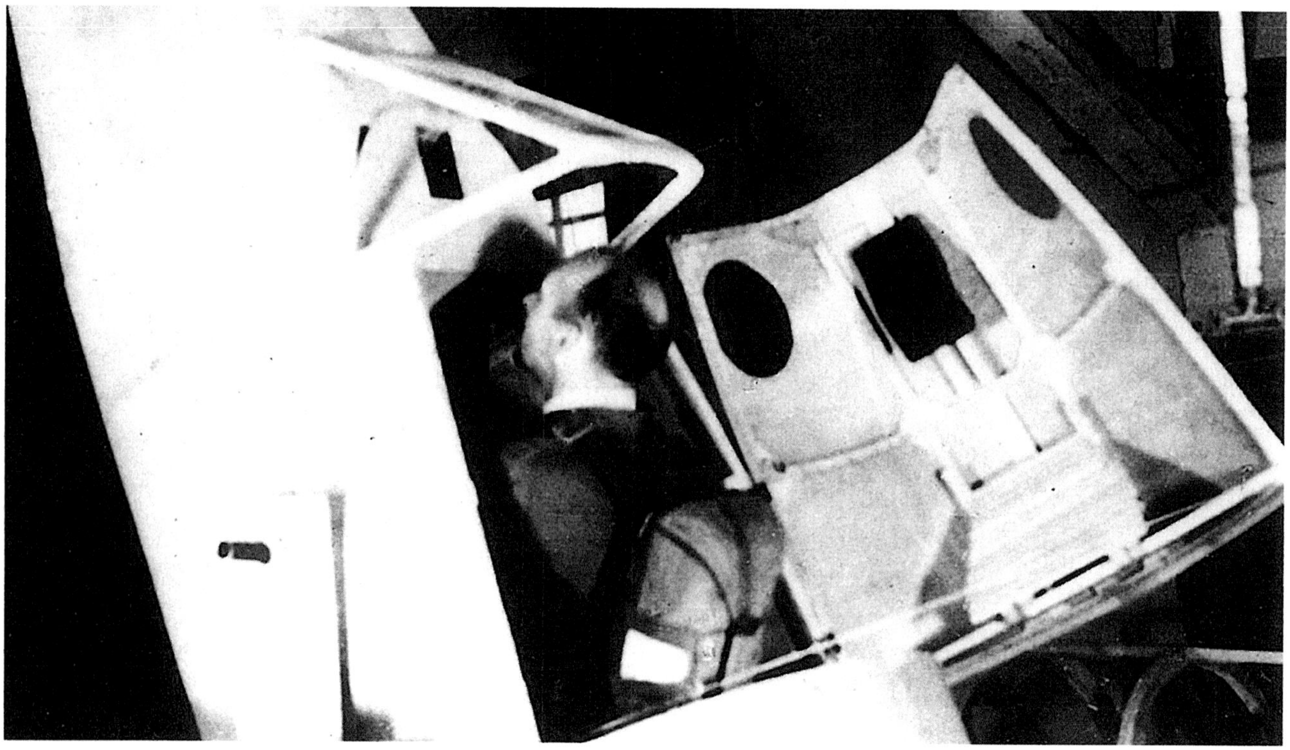
1:1 Attrappe mit schwenkbarem Pilotensitz.

Tragschlepperprobung

In den Jahren 1943/44 entwickelte die DFS den sogenannten Tragschlepp. Bei diesem Schlepp sind das schleppende und das geschleppte Flugzeuge im Schwerpunkt **S** gefesselt und durch ein 30 bis 80 m langes Schleppeil miteinander verbunden. Bis die Schleppmaschine beim Start abhebt, rollt das geschleppte Flugzeug am Boden nach. Dann wird es mit Seilwinkeln von 40 bis 70° regelrecht vom Boden abgehoben. In dieser Lage hängt das »getragene« Flugzeug sozusagen als Sonde unter der Schleppmaschine. Bei einigem Geschick der Flugzeugführer konnte das getragene Flugzeug auch wieder gelandet werden. Für erste Versuche wurde als Trägerflugzeug eine Junkers Ju-87 (Stuka) und als getragenes Flugzeug ein Segelflugzeug vom Typ Habicht verwendet.
Für die Tragschleppversuche mit der NATTER wurden zwei Heinkelbomber He-111 H6 von der DFS zur Verfügung gestellt. Als Flugzeugführer der Schleppmaschine wurde Flugkapitän Zitter abkommandiert. Die Rolle des NATTER-Piloten übernahm Erich Klöckner. Beide hatten zuvor die bereits erwähnten Tragschleppversuche bei der DFS ausgeführt und stellten einen in allen Belangen eingespielten Trupp für die gestellte Aufgabe dar.
Am 3. November 1944 stand in Neuburg an der Donau der erste Schleppverband mit der He-111 H6 (Kennzeichen DG+RN) und der NATTER BP-20 M1 (M für Mustermaschine) zum Erstflug bereit. Die M1 besaß kein Fahrwerk, sie lag auf einem Startwagen und wurde von demselben nach Erreichen der Startgeschwindigkeit abgehoben. Der dreirädrige Startwagen besaß ein ungelenktes, schwenkbares Bugrad.
Zur Besatzung der Heinkel gehörten weiterhin der Bordmechaniker August Lohfink, der Beobachter Peter Kreyser und der Funker Julius Roschlau. Die Flugversuche mit der NATTER wurden von einem Begleitflugzeug vom Typ Junkers Ju-87, Kennzeichen NR+EZ gefilmt, bzw. fotografiert. Die Besatzung der Begleitmaschine bestand aus dem Piloten Karl von Jan und dem Beobachter Otto.
Die He-111 war am 3. November gegen Mittag von Ainring nach Neuburg herübergeflogen, mit an Bord war der Institutsleiter Heinz Stamer. Am Nachmittag wurde der Erstflug vorbereitet. Die Startbahn in Neuburg wurde für

Die M1 auf ihrem Startwagen kurz vor dem Erstflug, im Hintergrund ist die Begleitmaschine vom Typ Junkers Ju-87 (Kennzeichen NR+EZ) zu erkennen.

Die Schleppmaschine (He-111) und die NATTER BP-20 M3 sind im Schwerpunkt S mit dem Schleppseil miteinander verbunden.

Die He-111 hebt zuerst ab.

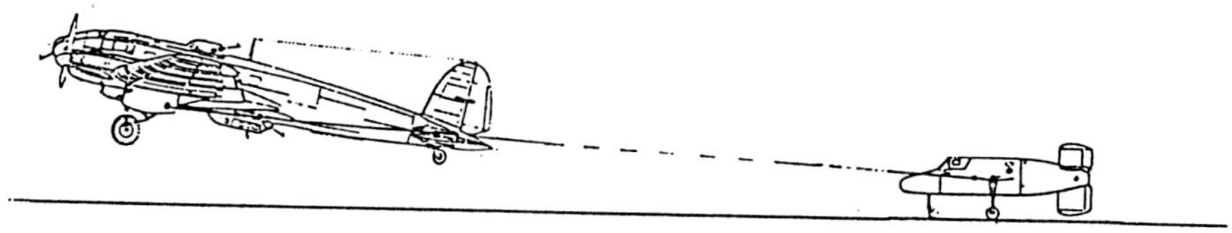

Die He-111 steigt weiter, während die NATTER noch weiter am Boden rollt.

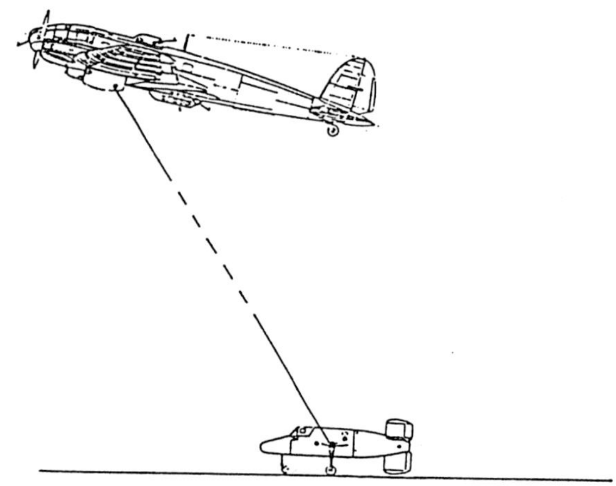

Die NATTER hängt unter der He-111.

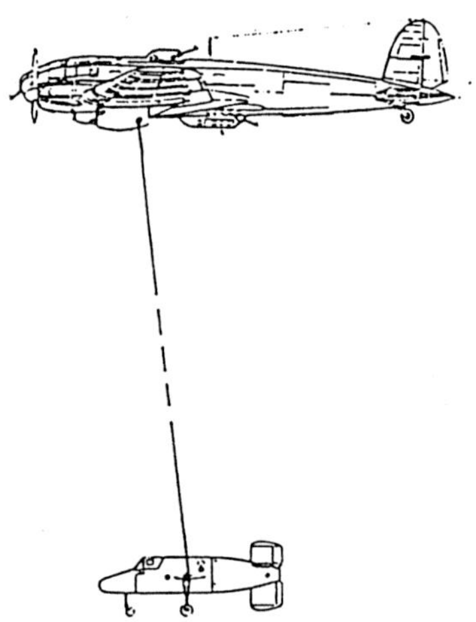

Vor der startbereiten M1 unterhalten sich (von links nach rechts): Willy Fiedler, Heinz Stamer, Flugkapitän Hermann Zitter und Erich Klöckner. Im Hintergrund ist eine Me-262 zu erkennen.

jeden anderen Flugverkehr gesperrt. Die Flugzeugführer warteten noch ab bis der herrschende Seitenwind nachließ. Am späten Nachmittag war es dann soweit. Erich Klöckner stieg in das Cockpit der NATTER BP-20 M1. Die Kabinenhaube wurde verriegelt und die Sprechverbindung, die über ein Kabel innerhalb des Schleppseils erfolgte, getestet. Dann, nach einem Zeichen, ruckte der Schleppzug an und nahm Fahrt auf. Kurz vor dem Ende der Startbahn zog Flugkapitän Zitter die Heinkel steil hoch, die NATTER hingegen klebte noch immer am Boden. Durch das steile Hochziehen wurde die NATTER vom Starwagen hochgerissen und hing nun fast senkrecht unter der Heinkel. Der nun leere Startwagen raste weiter über die Startbahn und überschlug sich in den Feldern, die an die Startbahn angrenzten. Der Schleppverband jedoch stieg ohne Probleme auf 3000 m Höhe und begann nun dort das Test- und Meßprogramm. Als erstes wurde versucht, aus dem Tragschlepp in den Normalschlepp zu gelangen. Durch ein kräftiges Ziehen am Steuerknüppel stieg die NATTER durch die Propellerböen der Heinkel und überhöhte die Schleppmaschi-

Noch einmal die gleiche Gruppe, Erich Köckner rechts diesmal ebenfalls mit Hut. Die Me-262 im Hintergrund ist nun deutlich zu erkennen.Für den Erstflug mit der NATTER wurde jeder andere Flugbetrieb in Neuburg gesperrt.

Standtest mit Starthilfsraketen im Hinterhof der Bachem-Werke in Waldsee mit der Mustermaschine M20.

ne. »Hurra, sie fliegt und das gar nicht mal schlecht«, meinte Erich Klöckner. Die NATTER reagierte gut auf die Steuerbefehle und flog recht normal, trotz der kleinen Stummelflügel - Erich Bachem und seine Mannschaft hatten gute Arbeit geleistet. Nach rund 45 Minuten ging dieser erste Testflug zu Ende. In einer Höhe von 1000 m über dem Platz entriegelte Erich Klöckner die sich seitlich öffnende Kabinenhaube und verließ mit einem Hechtsprung die NATTER. Er landete sicher mit dem Fallschirm auf dem Gelände des Flugplatzes. Da die NATTER ja kein Fahrwerk besaß, bestand keine andere Möglichkeit zur »Landung«.

Nun brachte Flugkapitän Zitter die unter der HE-111 hängende, leere NATTER so dicht wie möglich an den Boden. Bei der ersten, leichten Bodenberührung klinkte Beobachter Kaffenberger die NATTER aus, hierbei ging die M1 zu Bruch; allerdings sollte sie wieder repariert werden. Die Reparatur wurde jedoch bis zum Kriegsende nicht mehr durchgeführt.

Die nachfolgenden Tragschleppversuche wurden mit der Mustermaschine BP-20 M3 durchgeführt. Die Maschine war mit einem festen Dreibeinfahrwerk ausgestattet, das man von der Klemm Kl-35 übernommen hatte. Am 14. Dezember 1944 knickte bei der Landung mit der BP-20 M3 das rechte Federbein leicht nach hinten, obwohl die Sinkgeschwindigkeit laut Flugprotokoll höchstens 1 m/s betragen haben soll. Die Kolbenstange hatte sich nach hinten verbogen. Die Federbeine der Kl-35 galten gemeinhin als relativ schwach; als Abhilfe wurden die verstärkten Federbeine der Kl-35 b eingebaut. Es wurde beanstandet, daß die Haube klemmte und daß die Öffnung der Haube seitlich erfolgte, dies war bei der M1 und M3 der Fall und wurde später durch eine Haubenöffnung nach hinten abgeändert.

Im Dezember 1944 behinderten starke Schneefälle die weitere Erprobung, außerdem mußten die Schleppmaschinen zeitweise für andere Erprobungsaufgaben an die DFS zurückgegeben werden. Erst am 27. Januar

Die spartanische Einrichtung im Cockpit der M1. Als Überwachungsinstrument dient lediglich ein Geschwindigkeitsmesser. Die Kurbel im Vordergrund (Bildmitte) diente zum Verstellen eines zusätzlichen Trimmgewichts im Rumpfbug der NATTER

Weitere Einrichtungen im Cockpit der M1. Links im Bild der Trimmhebel, rechts daneben erkennt man den Ring für die Auslösung des Bergungsschirmes mittels Zugseil.

1945 konnten die Schleppversuche wieder aufgenommen werden. Schleppmaschine war wieder die He-111 mit dem Kennzeichen DG+RN unter der Führung von Flugkapitän Zitter, geschleppt wurde die BP-20 M3 mit Erich Klöckner am Steuer, Begleitmaschine war diesmal eine Siebel Si-202, wieder mit dem Piloten Karl von Jan, als Beobachter und Kameramann fungierte diesmal Heiner Diefenbach.

Der Start erfolgte auf der Startbahn in Ost-West-Richtung. Im Unterschied zu den früheren Starts klebte die NATTER besonders lang an der Startbahn und zeigte keine besondere Neigung zum Abheben, bis sie die He-111 unter einem Seilwinkel von ca. 80° nach oben riß. Nach dem Abheben pendelte die NATTER um den Aufhängungspunkt an der He-111 in Flugrichtung. Dabei gelangte sie mehrmals bis vor die Heinkel, das heißt, der Seilwinkel wurde größer als 90°. Im Steigflug betrug die

Der startbereite Schleppzug He-111 und BP20-M1 kurz vor dem Start.

mittlere Steiggeschwindigkeit 195-200 km/h. Die höchste im Geradeausflug erreichte Geschwindigkeit betrug ca. 260 km/h. In allen Bereichen erwies sich die NATTER als gut steuerbar. Beim Absprung aus der BP-20 M3 erlebte Erich Klöckner jedoch eine böse Überraschung. Von der hinteren Verstrebung der (geänderten) Kabinenhaube erhielt er beim Öffnen einen gewaltigen Schlag ins Genick, ohne allerdings Schaden zu nehmen. Klöckner äußerte nach der Landung, daß dies bei höheren Geschwindigkeiten sogar zum Genickbruch führen könnte. Dieser und noch einige andere Mängel führten dazu, daß Erich Klöckner einen von der SS geforderten, baldigen Freiflug mit der NATTER ablehnte.

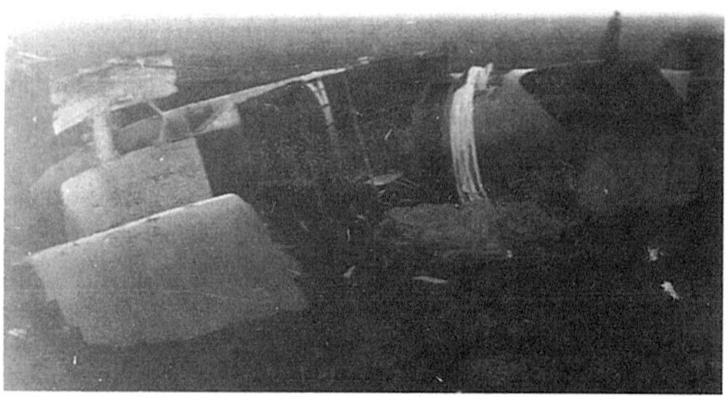

Die Überreste der M1 nach der mißglückten »Landung«. Kaum vorstellbar, daß dieser Trümmerhaufen noch einmal repariert werden sollte.

Zurück zum Versuch: Nachdem Erich Klöckner die NATTER verlassen hatte, brachte Flugkapitän Zitter die leere M3 zum Landeplatz in Neuburg. Die Besatzung der begleitenden Siebel Si-202 gab im Landeanflug ständig die Höhe der NATTER über Grund an Flugkapitän Zitter durch. Als die Räder der NATTER den Boden berührten und die Spannung des Tragschleppseils nachließ, klinkte Beobachter Krayser die NATTER aus: Die M3 rollte vollkommen gerade über die Landebahn. Aber da der Landeanflug nicht exakt parallel zur Landbahn erfolgt war, verließ die M3 im spitzen Winkel die Bahn und rollte aufs Gras. Dabei rollte sie absolut gerade weiter, bis zum Stillstand. Um die Rollstrecke zu verkürzen, besaß die M3 »Bremsklappen« am Rumpfende, die durch das Ausklinken zeitverzögert ausgelöst wurden.
Insgesamt führte Erich Klöckner vier Testflüge mit den Mustermaschinen M1 und M3 durch; davon ein Flug mit der M1 und drei Testflüge mit der M3.

Die Mustermaschine M3 mit festem Fahrwerk im Bachem-Werk Waldsee im Bau.

Mustermaschine M3 mit festem Fahrwerk kurz vor der Fertigstellung in Waldsee.

Die Mustermaschine M3 im Tragschlepp unter der He-111.

Flugkapitän Zitter unternahm außerdem vier weitere unbemannte Schleppversuche im Mistelschlepp mit der He-111. Dabei wurde die NATTER in 3000 m Höhe ausgeklinkt, um den Gleitwinkel zu messen und um die Funktion des großen Bergungsfallschirmes zu testen. Des weiteren sollte mit einer Puppe die Pilotenrettung getestet werden.

Erich Klöckner

Erich Klöckner, Jahrgang 1913, war von 1937 bis 1945 verantwortlicher Versuchspilot bei der Deutschen Forschungsanstalt für Segelflug (DFS). Er testete als Flugzeugführer unter anderem Staustrahltriebwerke, die auf dem Rücken einer Dornier Do-217 angebracht waren. Die Staustrahltriebwerke, eine Entwicklung von Prof. Dr. Eugen Sänger, sollten Geschwindigkeiten im Überschallbereich ermöglichen. Erich Klöckner hatte sich in Fliegerkreisen jedoch schon vor dem Krieg einen Namen gemacht: 1939 stellte er in den Leewellen der Zentralalpen einen absoluten Segelflug-Höhenrekord von 9280 m auf. 1940 steigerte er diesen Rekord mit 11.460 m bis an den Rand der Stratosphäre. Klöckner hatte sich für seine Rekordflüge bis in den Wirkungsbereich der Leewellen schleppen lassen, um dann aufzusteigen.
Da Erich Klöckner bereits Tragschleppversuche bei der DFS durchgeführt hatte, bot sich sein Einsatz für die Tragschleppversuche mit der NATTER geradezu an. Daher war er der erste, der die NATTER im Tragschlepp, bis zu seiner Ablösung Anfang Februar 1945, flog. Insgesamt viermal stieg er mit der NATTER auf, jedesmal verliefen die Testflüge erfolgreich.

Die M3 nach der Landung am 14. Dezember 1944 in Neuburg. Deutlich ist das leicht nach hinten geknickte Hauptfahrwerk zu erkennen, ebenso die ausgefahrenen Bremsklappen.

Detailaufnahme der Bremsklappen der Mustermaschine M3.

Der erste Test dieser Art wurde am 7. November 1944 in Ainring mit der Mustermaschine M2 durchgeführt. Da man befürchtete, die NATTER könnte beim Trennvorgang die Heinkel He-111 beschädigen, wurden die Tragflächen der NATTER demontiert. Zweck des Versuchs war der Funktionstest der Bugtrennvorrichtung, die Erprobung des Bergungsschirmes und das Ausstoßen der Puppe. Flugkapitän Hermann Zitter startete ohne Probleme mit der unter der rechten Tragfläche untergehängten NATTER, auch das Ausklinken klappte reibungslos. Zum Auslösen der einzelnen Funktionsabläufe hatte Bachem eine Automatik mit zeitlichen Verzögerungen eingebaut. Diese versagte allerdings und die Maschine ging völlig zu Bruch. Bei der Untersuchung der Bruchstücke ergab sich, das wahrscheinlich die Puppe verrutscht war und die Fangleinen ihres Fallschirms die Auslösemechanik für den automatischen Bergungsvorgang blockiert hatten.
Die nachfolgenden drei Abwurfversuche vom 2. bis zum 5. Dezember 1944 über dem Gelände des Truppenübungsplatzes Heuberg mit den Mustermaschinen M5, M6 und M7 verliefen dagegen erfolgreich. Bei den Mustermaschinen M5 und M7 gelang das Absprengen der Bugsektion, das Ausstoßen der Puppe (siehe Ab-

Die unter die Tragfläche der Heinkel He-111 DG+RN gehängte Mustermaschine M2, aufgenommen kurz vor ihrem Start am 7. November 1944. Die Tragflächen der M2 wurden demontiert. Die überdimensionale Scheibe am Rumpfheck der M2 sollte die Lagebeobachtung nach dem Abwurf der Maschine erleichtern.

bildung Seite 67) sowie die Bergung des Rumpfes mit dem großen Bergungsschirm. Die Beschädigung des Restrumpfes war so gering, daß man davon ausging, daß beim späteren Einsatz Rumpf und Triebwerk ohne Probleme wiederverwendet werden konnten. Bei der M6 hingegen riß der Bergungsschirm ab und der Rumpf wurde beim Aufschlag am Boden völlig zerstört, die Puppe jedoch schwebte programmgemäß am Fallschirm zu Boden.

Nachdem Erich Klöckner den Freifluges mit der NATTER abgelehnt hatte, beauftrage die SS Hans Zübert mit der Ausführung. Erich Klöckner wurde mit anderen Aufgaben betraut und nach Altlönnewitz (Arado Ar-234) abkommandiert.

Hans Zübert ging als Freiwilliger recht unbekümmert an die ihm gestellte Aufgabe heran und führte diese ohne große Umschweife aus. Er war jemand, der schlecht nein sagen konnte; eine Eigenschaft, die ihn auch heute noch auszeichnet.

Hans Zübert war schon beim letzten Testflug der BP-20 M3 mit Erich Klöckner mit von der Partie - als Beobachter am Boden konnte er sich einen Eindruck von der gestellten Aufgabe verschaffen.

Am 14. Februar 1945 war er selbst an der Reihe. Über die dramatischen Augenblicke seines Testfluges mit der BP-20 M8 berichtet er mit eigenen Worten; sein Original-Flugbericht wird im folgenden ungekürzt wiedergegeben:

»Am 14.02.45 startete ich um 10:45 Uhr im Tragschlepp an einer He-111 zur ersten Freiflugerprobung der BP-20 M8. Der Start verlief ohne besondere Schwierigkeiten. Es zeigte sich, daß der dreirädige Startwagen sehr eigenstabil im Kurs der He-111 lief und im letzten Drittel der Anrollstrecke die Seitenruderwirksamkeit schon ausreichte, um den Kurs zu korrigieren. Nach dem Abheben klinkte ich sofort den Startwagen aus und hing nun frei als Sonde unter der Schleppmaschine.Von den mir vorher beschriebenen Längsschwingungen zu diesem Zeitpunkt merkte ich sehr wenig. Sie waren kaum fühlbar und nach 2 bis 3 Bewegungen schon vollkommen abgeklungen. Im Steigflug erfühlte ich dann die Ruderempfindlichkeiten und -wirksamkeiten. Ich bekam den Eindruck, daß die Maschine auf alle Ruder sehr gut anspricht, aber die Empfindlichkeiten waren nicht unangenehm hoch. Mit dem Betätigen des Seitenruders war allerdings jedesmal eine Neigung um die Längsachse in entgegengesetzter Richtung festzustellen. Dies erklärt sich durch die Aufhängung an beiden Flügelenden. Durch Rudernullstellung kehrte die Maschine aber immer sofort wieder in ihre alte Mittellage zurück. Die Ruderkräfte waren bei einer Schleppgeschwindigkeit von ungefähr 220 km/h etwa 2 kg.

In 5500 m über Grund klinkte ich aus und begann den freien Gleitflug. Beim Ausklinken machte die Maschine sofort eine Viertelrolle links, was wahrscheinlich auf ungleichmäßiges Öffnen der Ausklinkvorrichtung zurückzuführen ist. Ich ging dann mit gleichsinnigem Seitenruderausschlag nach, um die Maschine in den gewünschten Sturzflug zu bringen. Mit Querruder holte ich sie dann auf den ungefähr anfänglichen Kurs und stürzte so mit ungefähr 75° Bahnneigung bis ungefähr 4100 m. Da zu diesem Zeitpunkt die Staudruckanzeige bereits über 500 war und weiter sehr schnell anstieg, begann ich abzufangen, um bei der vorgeschriebenen Endgeschwindigkeit von 600 km/h im Horizontalflug zu sein. Diesen erreichte ich auch mit der vorgeschriebenen Endgeschwindigkeit von 600 km/h in 3600 m. Die Ruderkraft beim Abfangen lag ungefähr in der Größenordnung von 8-10 kg. Ein Erfühlen der anderen Ruderkräfte bei dieser Geschwindigkeit zeigte mir, daß sie zu der ersteren sehr harmonisch sind und in der gleichen Größenordnung liegen. Ein Betätigen des Seitenruders bei übriger Rudernullstellung zeigte mir ferner, daß Schieberollmomente nicht vorhanden sind. Ich versuchte dann den im Flugauftrag vorgeschriebenen Horizontalflug bis zum Abreißen der Strömung durchzuführen. Leider fiel anfangs die Variometeranzeige aus, da der Zeiger dieses Gerätes durch den Sturzflug am Anschlag festhing und erst sehr spät wieder aus dieser Lage zurückwanderte. Bis zur Variometeranzeige richtete ich mich nur nach Horizont und Höhenmesser. Als dann nach kurzer Zeit wieder eine genaue Variometeranzeige abzulesen war, stellte ich fest, daß ich die Maschine um ± 2m/s Sinken übersteuerte. Es gelang mir aber dann, nach sehr kurzer Zeit die Nullage mit Auswanderung von nur noch ±0,5 m/s Sinken zu halten. Bei langsamer Zunahme des Anstellwinkels bis zu einem Endanstieg von ungefähr 35° erreichte ich dann eine Mindeststaudruckanzeige von 200 km/h. Das Höhenruder war dabei voll durchgezogen. Es trat dann zu diesem Zeitpunkt ein leichtes Zittern in der Maschine auf, das ein Abreißen der Strömung an den Flächen deutlich fühlbar werden ließ. Ich drückte unmittelbar nach, worauf die Maschine auch sofort reagierte und wieder in normalen Gleitflug überging. Da mir die angezeigte Geringstgeschwindigkeit zu unwahrscheinlich schien, wiederholte ich den letzten Teil des Versuchs. Als ich langsam wieder voll durchgezogen hatte, war beim gleichen Anstellwinkel und der gleichen Geschwindigkeit von vorher dasselbe Zittern zu fühlen. Ich hielt dann noch kurze Zeit den Knüppel in dieser gezogenen Endstellung, um zu beobachten, was die Maschine weiterhin in diesem Zustand tut. Ich stellte fest, daß die Geschwindigkeit weiterhin nicht mehr abnahm, sondern die Maschine mit dieser Mindestgeschwindigkeit nur eine langsam zunehmende Sinkgeschwindigkeit bekam. Einer Abkipperscheinung nach rechts konnte ich mit einem sofortigen Gegenquerruderausschlag wirksam begegnen. Als sich dieser Vorgang dann auch nach links wiederholt hatte, drückte ich wieder nach und ging in normalen Gleitflug über, um in dieser Zeit die Kamera zu bergen. Bei etwa 350 km/h ließ ich alle Ruder los und brachte die Kamera in Sicherheit. Die Maschine flog in dieser Zeit (ungefähr 6-7 Sekunden) vollkommen allein normal weiter und zeigte erst nach dieser Zeit langsam die Tendenz, schneller zu werden, was vielleicht auch auf ein

Lfd. Nr. des Fluges	Führer	Begleiter	Muster	Zu-lassungs-Nr.	Flug									Bemerkung
					Zweck des Fluges	Abflug			Landung			Flug-dauer	Kilometer	
						Ort	Tag	Tageszeit	Ort	Tag	Tageszeit			
676	Zübert	-	Natter	M 8	Erprobung	Neuburg/Donau	14.2.45	10:55	Neuburg	14.2.45	11:50	55'		Tragschleppmaschine: He 111 DG+RN Flugkapitän Zitter. Freiflugerprobung: Flug Tragflugschlepp auf 5.500 m ausklinken und Freiflugerprobung. Flug Erschwerungen durch Sicherheitsschirme und der Bugabsprengung. Ausstieg durch Kabinenabwurf. Fallschirmabsprung mit Bänderfallschirm. Landung einwandfrei.

Auszug aus dem Flugbuch (Abschrift) von Hans Zübert über den ersten und einzigen Freiflug mit der Mustermaschine M8 am 14. Februar 1945.

Berühren des Steuerknüppels mit den Knien zurückzuführen ist. Ein abwechselndes Einleiten einer Rechts- und einer Linkskurve zeigte mir, daß die Maschine in beiden Richtungen gleichmäßig anspricht. Ich flog dann mit etwa 45° Schräglage und 350 km/h Fahrt eine Linkskurve mit 180° Richtungsänderung. Die Maschine verhielt sich in der Kurve sehr normal und löste in mit den Eindruck einer sehr guten Wendigkeit aus.
Da ich nun die vorgeschriebene Endhöhe von 2000 m erreicht hatte, versuchte ich im Geradeausflug laut Flugauftrag den Sicherheitsfallschirm auszufahren. Leider gelang mir das selbst nach Aufwendung aller Körperkräfte nicht. Ich verbog zwar den Griffbügel , aber das daran angeschlossene Seil ließ sich um keinen Millimeter durchziehen. Als mir das Betätigen des Sicherheitsschirmes aussichtslos erschien, betätigte ich die Bugabsprengung. Leider geschah nach dem Umlegen des Kippschalters nichts Besonderes. Ich wiederholte dann einige Male die Schaltbetätigung, und als sich selbst nach heftigem Klopfen noch immer nichts ereig-

Personal-Ausweis
Nr. ....
Name Hans Zübert
geb.: 15.12.1919 tätig als
Einflieger
ist berechtigt, die Anlagen des Werkes zu betreten
Waldsee, den 15.12.44
BACHEM-WERK G.M.B.H.
WALDSEE-WÜRTTEMBERG
Eigenhändige Unterschrift

Einfliegerausweis der Bachem-Werke von Hans Zübert.

Hans Zübert

Hans Zübert wurde am 15. Dezember 1919 in Karlshagen geboren. Schon in früher Jugend begeisterte er sich für die Fliegerei. Besonderes Interesse zeigte er an schwanzlosen und Nurflügel-Flugzeugen. Als Flugzeugführer der Luftwaffe flog er dann mit großem Eifer die Horten IIIb und IV; Nurflügelkostruktionen der Gebrüder Walter und Reimar Horten.
Auch in Segelflugzeugen erhob er sich oft und gern in die Lüfte. Am 5. Juli 1943 stellte er einen Weltrekord mit dem Muster Kranich II auf, wobei er von 400 m Starthöhe im Segelflug auf 4800 m Höhe gestiegen war.
Im Februar 1945 wurde er nach Neuburg an der Donau abkommandiert, um als Freiwilliger einen Freiflug mit der NATTER auszuführen. Somit ist Hans Zübert der erste und einzige Flugzeugführer, der die NATTER »frei« flog.
Nach dem Krieg blieb er weiterhin der Fliegerei verbunden und ist auch heute noch aktiver Pilot im Kreise seiner Fliegerkameraden am Flugplatz Vilshofen. Zur Zeit begleitet er als kundiger Berater die Restaurierungsarbeiten einer Horten IV, die wieder flugfähig gemacht werden soll.

nete, warf ich das Kabinendach ab, um nach oben auszusteigen.
Ich zog die Maschine dann noch hoch, um bei Geringstgeschwindigkeit die Maschine verlassen zu können. Bei etwa 300 km/h schnallte ich mich los und schob mich unter anfänglich ziemlich großem Kraftaufwand auf die linke Bordwand. Hier verharrte ich dann

Natter mit Triebwerk und Starthilfsraketen im Freiflug (Fotomontage).

noch einige Zeit, um noch beobachten zu können, in welcher Form die Maschine, nach Erreichen des Gipfelpunktes durch das Hochziehen, nach unten weggeht. Bei einer Geschwindigkeit von etwa 250 km/h neigte sie sich langsam, aufgrund der einseitigen Belastung durch mich, auf die linke Fläche und ging in den Spiralsturz über. Nach etwa 3 Vollkreisen sprang ich im Hechtsprung über die linke Fläche und unter dem Leitwerk durch von der Maschine weg. Im Fallen beobachtete ich noch, daß die Maschine weiterhin in der gleichen Fluglage blieb. Durch die Entfaltung meines Fallschirmes, den ich nach etwa 7 Sekunden aufzog, entschwand die Maschine meinem Blickfeld, und so konnte ich leider den Aufschlag nicht mehr beobachten. Ich selbst landete dann kurze Zeit später dicht am gegenüberliegenden Ufer der Donau einwandfrei auf einem weichen Acker.«
Für diesen ersten gelungenen Freiflug mit der NATTER erhielt Hans Zübert ein Dankschreiben von Erich Bachem, beigefügt ein Scheck über 1000 RM. Leider konnte er mit dem Geld nichts mehr anfangen, denn bevor er es für irgend etwas ausgeben oder anlegen konnte, war der Krieg zu Ende und das Geld wertlos geworden. Ob auch Flugversuche mit Triebwerk durchgeführt worden sind, wie aus einigem Schriftverkehr der Firma Bachem hervorgeht, ist ungewiß. Es gibt zwar ein Foto von einem solchen Test, aber hier handelt es sich lediglich um eine Fotomontage.
Die letzte Mustermaschine, die für Schlepptests noch in Frage kam, war die BP-20 M9, die im Januar 1945 in Waldsee im Bau war.
Die BP-20 M3 sollte für neue Versuche umgebaut werden, so im Wochenbericht Nr. 13 vom 01.03.45 notiert. Ob mit der M 3 oder der M9 vor Kriegsende noch Schleppstarts durchgeführt wurden, konnte nicht mehr ermittelt werden. Weiterhin sollte Hans Zübert einen zweiten Freiflug mit der BP-20 M3 durchführen. Nach dem Umbau für diesen Freiflug wurde die M3 im Schriftverkehr auch als BP-20 M3b bezeichnet. Dieser beabsichtigte zweite Freiflug wurde nicht mehr durchgeführt. Als Fazit aus der Gleitflugerprobung läßt es sich feststellen, daß die NATTER durchaus gute Flugeigenschaften besaß und gesteuerte Zielanflüge ohne weiteres erfolgreich gewesen wären.

Steilstarterprobung

Paralell zu den Tragschleppversuchen in Neuburg wurde mit der Steilstarterprobung am Ochsenkopf auf dem Gelände des Truppenübungsplatzes Heuberg bei Stetten a.k.M. (Sigmaringen) begonnen.
Karl Mielenhausen war Mitglied der Startmannschaft und wurde im November 1944 zum Heuberg abkommandiert. Über seine Erlebnisse aus dieser Zeit berichtet er.
»Als ich im Sepember 1944 zum Kommando auf dem Heuberg kam, hatte ich noch keine Ahnung, worum es sich hier handelte. Doch schon kurz nach meiner Ankunft wurde ich mit einigen meiner Kameraden über das Projekt NATTER informiert, militärisch heißt das: instruiert. Es wurde uns strikteste Geheimhaltung auferlegt und bei Zuwiderhandlung mit Kriegsgericht und Tod durch Erschießen gedroht.
Als erstes mußten wir ein stählernes Startgestell errichten, welches ca. 20 m hoch und drehbar war. Außerdem ließ es sich um etwa 70° neigen. Dieses Gerüst sollte als Startlafette für die Steilstartversuche dienen. Die Startlafette war von der Firma Maschinenfabrik Esslingen in der gleichnamigen Stadt konstruiert und geliefert worden. In etwa 50 m Abstand von der Startlafette wurden Deckungsgräben ausgehoben, um beim Start einer NATTER in Deckung gehen zu können.
Anfang Dezember ging die Parole um, „die erste NATTER sei von Waldsee unterwegs". Wir warteten gespannt, aber erst Mitte Dezember kam sie endlich. Wir hatten zwar vorher Zeichnungen und Skizzen von der NATTER gesehen, aber jetzt, wo die Maschine leibhaftig vor uns stand, waren wir doch überwältigt. Wir waren sehr gespannt, wie sich die Maschine beim Steilstart verhalten würde. Mit Hilfe eines Krangerüstes, welches ebenfalls von der Maschinenfabrik Esslingen geliefert wurde, hievten wir die NATTER von der LKW Pritsche. Es war schon eine ziemliche Knochenarbeit. Vorsichtig fädelten wir die NATTER mit den Tragflächen und dem Leitwerk in die Leitschienen der Startlafette. Da kein geeignetes Heißgeschirr vorhanden war, dauerte es eine Weile, bis wir die NATTER in der Startlafette hatten. Beim späteren Einbringen der Maschinen

Vorbereitungen zum ersten Steilstartversuch am 18. Dezember 1944.

Karl Mielenhausen

Karl Mielenhausen wurde am 21. Januar 1925 in Hoheneggelsen (Kreis Marienburg/Ostpreußen) geboren. Von 1. April 1939 bis zum 30. September 1942 wurde er im Luftzeugamt Göttingen zum Metallflugzeugbauer ausgebildet. Anschließend meldete er sich zur Luftwaffe, es folgten weitere technische Ausbildungen und er erwarb auch seinen Flugschein. Im September 1944 wurde er zum Erprobungskommando »N« auf dem Heuberg versetzt. Dort gehörte er zum technischen Personal der Startmannschaft für die Steilstartversuche mit der NATTER.
Nach dem Krieg blieb Karl Mielenhausen der Fliegerei weiterhin verbunden und ist heute als aktiver Flieger im Besitz der PPL-A,B und C Lizenzen. Oft besuchte er den Gedenkstein für die NATTER-Versuche am Ochsenkopf. Am 1. März 1997, dem 52. Jahestag des ersten bemannten Raketenstarts und gleichzeitig dem 75. Geburtsjahr von Lothar Sieber (siehe Seite 78), fand dort ein Treffen mit Herrn Manfred Hensel und dem Verfasser statt. Im Rahmen dieses Treffens vermaß Karl Mielenhausen mit Hilfe eines *GPS (Global Position System* = Satellitennavigationssystem) erstmals die Position der Start- und Absturzstelle von Lothar Sieber. Nach diesen Messungen betrug die Flugstrecke von Siebers M23 ca. 6730 m mit einem Kurs von 155° 55´.

Karl Mielenhausen am Gedenkstein der NATTER-Versuche am Ochsenkopf, 1. März 1997.

wurden zusätzliche Gleitbahnen angebracht und der Ausleger des Lafettenkrans verlängert. Nach ein paar Stunden hatten wir es geschafft, die NATTER wurde in den Leitschienen arretiert, sie konnte also nicht mehr nach unten aus dem Startgerüst rutschen. Nun brachten wir die *Startfalle* an, dies war eine Einrichtung, die die NATTER erst beim Überschreiten eines bestimmten Schubwertes zum Start freigab. Damit sollten Fehlstarts mit zu geringem Schub verhindert werden. Es war schon ein überwältigender Anblick, als die NATTER nun zum erstenmal senkrecht in dem Startgerüst hing, wir wähnten uns in einen utopischen Film versetzt.
Am 18. Dezember 1944 war es soweit, alle Arbeiten waren erledigt, die Mustermaschine M21war startklar. Da noch kein Walter-Triebwerk zur Verfügung stand, sollte die NATTER nur mit den vier Starthilfsraketen starten. Wir gingen in Deckung, die Startraketen wurden gezündet und ca. 1 Sekunde später sollte die Startfalle aufgehoben

Erich Bachem neben dem Startgerüst am Ochsenkopf, Frühjahr 1945.

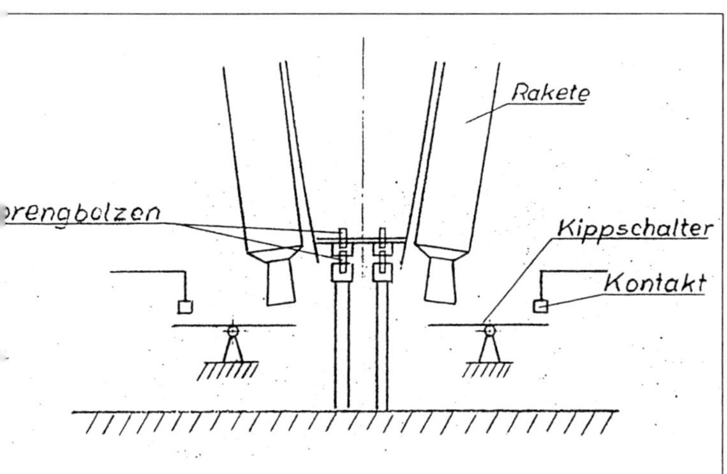

Funktionsskizze der Startfalle.

werden und die Maschine freigeben. Es lärmte, staubte und Gesteinsbrocken flogen wild durch die Gegend, doch die Maschine bewegte sich keinen Millimeter nach oben. Was war das? Ein Feuerschein war am Heck zu erkennen. Plötzlich fing die Maschine Feuer und brannte völlig aus.
Wir waren alle sehr enttäuscht und suchten fieberhaft nach der Ursache des Mißerfolgs. Sehr bald hatten wir die Quelle des Übels gefunden. Das Auslösekabel für die Startfalle war so unglücklich verlegt worden, daß durch die enorme Hitzeentwicklung der Startraketen das Kabel verschmort war und daher die Startfalle nicht auslösen konnte. Der sich unter der NATTER bildende Hitzestau hatte ausgereicht, diese in Brand zu setzen.
Die *Startfalle* funktionierte, wie folgt: Durch den Raketenstrahl der Startraketen werden Kippschalter umgelegt. Der Stromkreis zu den Sprengbolzen wird geschlossen, wenn alle vier Startraketen gezündet haben. Die Sprengbolzen lösen die Arretierung der Maschine und sie kommt frei.
Über ein weiteres Kabel ließen sich - beim Versagen der Kippschalter - die Sprengbolzen auch von Hand zünden.
Auch im Bachem-Werk war die Enttäuschung natürlich groß, doch schon zwei Tage später traf eine zweite Mustermaschine aus Waldsee ein. Um die Maschine in Waldsee abzuholen, wurden einige unserer Leute nach dort in Marsch gesetzt. Dies bedeutete für uns eine kleine Abwechslung vom Truppenübungsplatz-Dasein und war immer mit einer Tagestour verbunden.
Am 22. Dezember hatten wir alle Arbeiten für die Startvorbereitungen abgeschlossen. Sorgfältig wurden noch einmal alle Teile und vor allen Dingen das Auslösekabel für die Startfalle kontrolliert.
Dann war es soweit, wir gingen in Deckung und verschwanden in den Schützengräben. Unsere Mühe hatte sich gelohnt. Mit donnerndem Getöse kam die NATTER (Mustermaschine M16) aus der Startlafette und stieg nahezu senkrecht nach oben, obwohl die Startraketen einen ungleichmäßigen Schub erzeugten. Nach dem Ausbrennen der Starthilfsraketen fielen diese vom Rumpf ab, die Maschine erreichte noch eine Höhe von ca. 750 m. Schon bei diesem ersten erfolgreichen Versuch funktionierte das Auslösen des Bergungsfallschirms und das Abtrennen der Bugsektion. Die Maschine landete fast unbeschädigt (siehe Abb. S. 55).
Wir waren alle fasziniert und tief beeindruckt von dem

22. Dezember 1944. Die Mustermaschine M16 ist in der Startlafette arretiert, gerade ist das Heißgeschirr abgekoppelt worden und der Schleppbügel hängt, nach unten geklappt, am Bug der NATTER. Gut zu erkennen sind die Drallbleche an den Tragflächenhinterkanten.

Die Startfalle für die Mustermaschine M16 wird montiert.

Die Vorbereitungen zum Abschuß der Mustermaschine M16 am 22. Dezember 1944 sind abgeschlossen. Links im Bild, neben der Tanne, ist deutlich der Lafettenkran zum Hochziehen der NATTER in die Startlafette zu erkennen. Die NATTER ist ganz am unteren Ende der Startlafette positioniert, um die ganze Länge der Startschiene ausnützen zu können. Rechts im Bild bespricht sich die Startmanschaft mit einigen Bachem-Leuten (mit Hut) über den bevorstehenden Versuchsablauf.

Die M16 unmittelbar nach dem Verlassen der Startlafette. Am Versatz der Rauchspuren der Starthilfsraketen läßt sich erkennen, daß leichter Seitenwind herrscht.

Die M16 ist erfolgreich von der Startlafette freigekommen.

Von einer Fernkamera wird der erste erfolgreiche Steilstart einer NATTER (M16) in einer Bildsequenz festgehalten.

Nahezu senkrecht steigt die M16 weiter.

Die M16 neigt sich und geht in einen fast senkrechten Steigflug über.

Die M17 steigt absolut senkrecht auf. Zum zweiten Mal war ein Steilstart geglückt.

Die M16 rauscht mit deutlichen Rauchspuren der Starthilfsraketen davon.

Es hat alles hervorragend geklappt. Die M16 hängt am Bergungsschirm, das Bugteil hat sich von der Maschine gelöst.

Eine NATTER nach der »Landung«, es handelt sich hier um eine im Mistelschlepp abgeworfene Versuchsmaschine; erkennbar am aufgesetzten Höhenleitwerk (M5 oder M7).

Geschehen, das nach unserer Einschätzung ja etwas Erstmaliges in der Geschichte der Luftfahrt darstellte. Wir feierten ausgelassen unseren Erfolg.
Weitere Versuche folgten mit zum Teil recht guten Ergebnissen. Aber es gab auch Fehlschläge. So explodierte z. B. einmal eine der Startraketen und die NATTER wurde völlig zerstört. Ein andermal war die Maschine noch nicht im Startgerüst arretiert und das Heißgeschirr wurde gelöst. Die Maschine rutschte nun, immer schneller werdend, nach unten und knallte mit dem Heck auf den Boden. Zum Glück explodierten die Startraketen beim Aufprall auf den Boden nicht, so kamen wir alle noch einmal mit dem Schrecken davon.
Es wurden von uns verschiedene Varianten getestet, so gab es Muster mit Drallblechen, die, ähnlich den Bügelkanten bei konventionellen Flugzeugen, an den Tragflächen angebracht waren und durch einfaches Verbiegen eingestellt werden konnten. Sie sollten eine mögliche Drehbewegung (Drall) nach dem Verlassen der Startlafette verhindern oder aber zu Versuchszwecken diese Bewegung gewollt einleiten. Einige andere Maschinen waren mit sogenannten *Startflossen* ausgerüstet, hierbei handelte es sich gewissermaßen um bewegliche Drallbleche, die ähnlich den normalen Querrudern funktionierten, allerdings nicht gegensinnig, sondern gleichsinnig ausschlugen und die Maschine um die Hochachse steuerten (siehe Abbildungen S. 61/62). Bei einer Maschine wurden am Heck Strahlruder angebracht, um, wie bei der Fernrakete V-2, durch Ablenken des Raketenstrahls die Maschine zu steuern, bis daß sie schnell genug war und die Steuerruder wirksam wurden. Die Idee kam von unserem Hauptmann Berninger. Die Strahlruder fertigten wir in Handarbeit an, sie bestanden aus Graphit. Die Strahl-

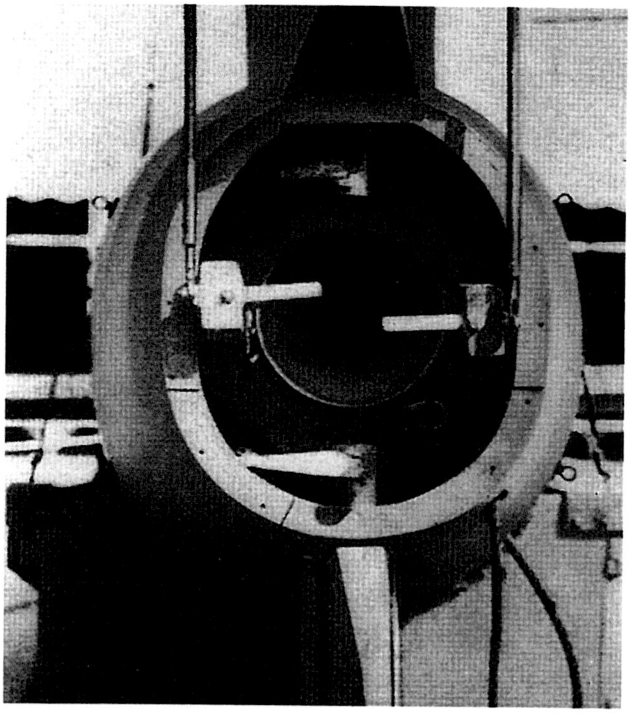

Strahlruder am Heck einer Einsatzmaschine.

ruder sollten mit einer Wasserkühlung rund 20 bis 30 Sekunden halten. Bei einem Standversuch verglühten sie allerdings schon nach zwei bis drei Sekunden. Meines Wissens ist keine Maschine mit Strahlrudern von einer Startlafette gestartet worden.

Ich erinnere mich noch genau an den Start des Versuchsmusters BP-20 M17, es war der zweite erfolgreiche Start einer NATTER aus einer Lafette. Die Maschine hatte feste Ruder und keine Automatik. Da die Trimmbleche (hiermit sind Drallbleche gemeint) verstellt waren, korrigierten wir die Einstellung auf 22°. Die NATTER wurde so in der Startlafette positioniert, daß die Führungslänge 12,5 m betrug. An jenem 29. Dezember 1944 herrschte ein leichter Seitenwind aus östlicher Richtung (3-5 m/s).* Die Trimmbleche (Drallbleche) waren so eingestellt, daß eine Drehung um die Längsachse im Fluge erwirkt werden sollte (Drall). Die Startraketen waren parallel geschaltet, die Stromzuführung erfolgte über ein ca. 60 m langes Doppelkabel, an dessen Enden eine Batterie mit 48 V angeschlossen war. Beim Schließen des Selbstschalters zündeten alle vier Raketen sie brannten auch gleichmäßig ab. Der Start erfolgte kurz nach Mittag (12.34 Uhr). Nach dem Zünden der Raketen glitt die Maschine mit zunehmender Geschwindigkeit in der Lafette hoch und flog nach dem Verlassen der Lafette senkrecht weiter. Nach drei Sekunden begann die Maschine sich um ihre Längsachse zu drehen und beendete nach weiteren zwei Sekunden (2,2 Sekunden) die erste volle Umdrehung. Die nächsten Umdrehungen um die Längsachse erfolgten rascher, wobei die Maschine praktisch senkrecht bis auf ca. 2000-3000 m stieg. Beim Abwärtsflug erfolgte durch Zeitauslösung das Öffnen des Bergungsschirmes. Der Bergungsschirm riß jedoch in ca. 700 m Höhe ab und zwar an der Stelle, wo das Seil um den Fangleinenring gelegt war. Beim Auftreffen auf den Boden ging die Maschine zu Bruch. Der Aufschlag erfolgte ca. 1100 m nordwestlich (300°) des Startpunkts, nicht weit davon entfernt fanden wir den völlig unversehrten Fallschirm. Die Gesamtflugzeit betrug ca. 50 Sekunden (52 Sekunden). Wie ich erst nach dem Kriege erfuhr, war der komplette Flug mit zwei Fernkameras in Zeitlupe gefilmt worden; so geheim waren wir.

* Die in Klammern angegebenen Werte entstammen dem offiziellen Erprobungsbericht.

Mustermaschine M17 mit Drallblechen am 29. Dezember 1944 im Startgerüst am Ochsenkopf.

Mustermaschine M17, startbereit in der Lafette.

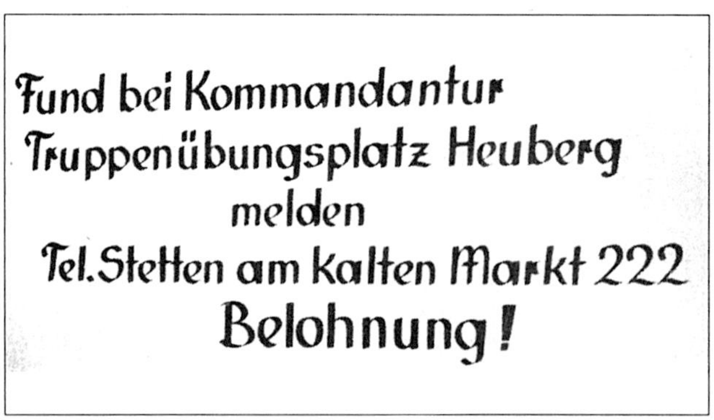

Vergrößerte Aufschrift auf dem Leitwerk der M17.

Rechts:
Mustermaschine M17 in der Startlafette, deutlich ist die verkürzte Startstrecke zu erkennen. Es werden die letzten Vorbereitungen zum Start getroffen. Oben in der Startlafette hantiert ein Mann von der Startmannschaft.

Start der M17 am 29. Dezember 1944, links im Bild der Montagekran.

Die M17 im senkrechten Steigflug.

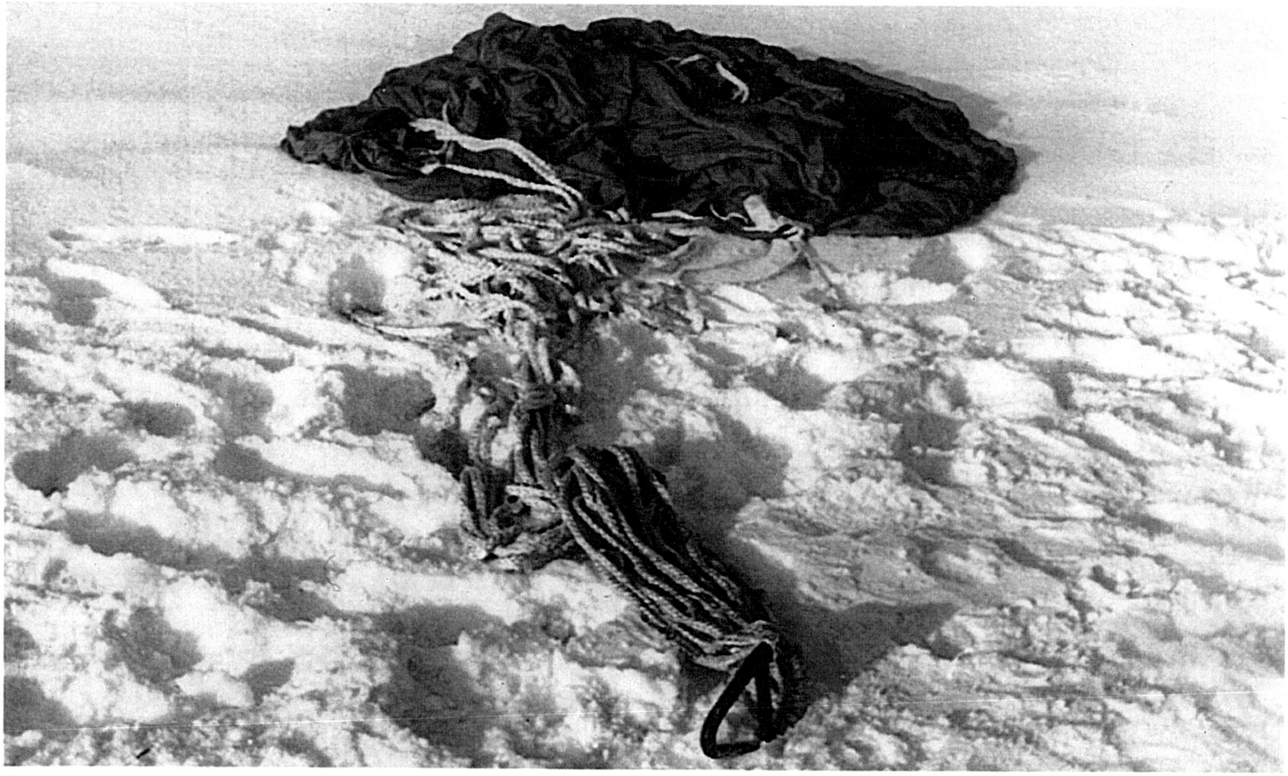

Der abgerissene Bergungsschirm der M17.

Das gerissene Seil des Bergungsschirmes.

Die total zerstörte M17.

25. Februar 1945. Startvorbereitung für die BP-20 M22. Gerade werden die Startflossen montiert. Unter der länglichen Bugnase befindet sich die Auslösemechanik für das automatische Ausstoßen der Pilotenpuppe. Die Maschine ist erstmals mit einem Walter-Triebwerk ausgerüstet.

Bis zum Februar 1945 hatten wir ganze drei Steilstartversuche ausgeführt, jedoch noch keinen mit dem Walter-Raketentriebwerk.
Eines Tages erhielten wir den Auftrag, für ein Testvorhaben ein Landekreuz als Markierung auszulegen. Kurze Zeit später flog eine Heinkel 111 in ca. 2500 m Höhe über das Gelände des Truppenübungsplatzes. Plötzlich löste sich ein Gegenstand von der Maschine, der schnell tiefer kam. Bald erkannten wir, daß es sich um eine NATTER handelte. Irgend etwas war beim Abwurf der Maschine schiefgegangen, sie ging nicht in den Gleitflug über und fiel runter wie ein Klavier. Beim Aufschlag auf den Boden zersplitterte die Maschine in tausend Stücke. Am 25. Februar 1945 wurde die erste vollausgerüstete NATTER (Mustermaschine M22) mit Walter-Triebwerk geliefert; als Piloten setzten wir eine Puppe mit Fallschirm hinein. Zum erstenmal erlebten wir das gewaltige Getöse beim Zusammenspiel der Startraketen und des Walter-Triebwerkes. Gebannt schauten wir den aufsteigenden Maschine nach. In großer Höhe erfolgte das planmäßige *Zerlegen* der Maschine. Alles funktionierte nach Plan, Puppe und NATTER schwebten am Fallschirm zu Boden. In Windeseile verbreitete sich die Nachricht vom geglückten Start und es glühten die Telefondrähte zwischen dem Heuberg und Berlin. Die SS als oberster Auftraggeber ordnete umgehend einen bemannten Start an, da halfen auch alle Proteste von Erich Bachem nichts. Er war der Meinung, daß es dazu noch zu früh sei und erst noch einige Tests erfolgen müßten.

Die M22 ist gestartet. Eine der Startraketen arbeitet nicht ordnungsgemäß und stößt schwarzen Rauch aus. Kurze Zeit später fällt sie vollständig aus. Das Versagen einer Startrakete hatte jedoch keinen negativen Einfluß auf den weiteren Startablauf.

Eine weitere Aufnahme vom Start der M22. Man beachte die charakteristische, spitze Rumpfnase und die Startflossen.

Die Mustermaschine M52 wird Anfang April 1945 zum Einhängen in die Holzmastlafette vorbereitet, der kleine Autokran links im Bild soll dabei behilflich sein. Bei genauer Betrachtung läßt sich die auf der rechten Tragfläche liegende Puppe erkennen, die als »Versuchspilot« dienen soll, sowie den ausgebreiteten Fallschirm. Die Beine der Puppe baumeln von der Tragfläche nach unten.

Die M52 hängt im Heißgeschirr und der Autokran muß kräftig gegenhalten.

Am 1. März 1945 wurde dann der erste bemannte Start, welcher leider tragisch verlief, durchgeführt (siehe Kapitel, Der erste bemannte Raketenstart der Welt, ab S. 77). Danach erfolgten noch einige unbemannte Starts. Mitte März 1945 bekamen wir den Auftrag, ein zweites Startgerüst zu errichten. Da die Stahllafette zu schwer und unhandlich war, sollte für den späteren Einsatz ein Holzgerüst verwendet werden. Dieses montierten wir in der Nähe des Stahlgerüstes. Anfang April 1945 wurde auf dieser Holzmastlafette erstmals eine NATTER startklar gemacht. Es handelte sich um eine voll ausgerüstete Einsatzmaschine (Mustermaschine M52). In der Holzlafette wurde die Maschine nur über eine Mittelschiene geführt. Zu diesem Zweck hatte man unter dem Rumpf der NATTER einen zusätzlichen Gleitschuh angebracht, so daß die NATTER mit dem Gleitschuh und dem Leitwerk in der Führungsschiene lief.

Der Versuchsablauf sollte mit einer Puppe als Piloten erfolgen. Die Maschine war mit einer Automatik ausgestattet, die die Puppe nach Erreichen des Gipfelpunktes herauskatapultieren sollte. Um das Ganze zu dokumentieren, war eigens eine Beobachtungsmaschine gestartet, die den Versuchsablauf filmen und fotografieren sollte.

Der Start gelang und die Maschine stieg nach dem Ausbrennen der Startraketen noch bis gut 2200 m hoch. Noch in der Aufwärtsbewegung wurde die Puppe herauskatapultiert, kurz darauf löste der Bergungsschirm aus. Die NATTER kippte nun nach unten und der Bergungsschirm entfaltete sich, Puppe und NATTER schwebten am Fallschirm zu Boden.

Die fast aufgerichtete NATTER, rechts am Bildrand kommt gerade Karl Mielenhausen ins Bild. Vorn in der Korbflasche und in der »Milchkanne« sind die Treibmittel T- und C-Stoff aufbewahrt.

Die NATTER hängt im Heißgeschirr im Startgerüst, die auffälligen Markierungen auf den Tragflächen dienten zur besseren Beobachtung der Maschine beim Flug in großen Höhen.

Geschafft! Die NATTER hängt startbereit im der Startlafette und man hält »Kriegsrat« über den Versuchsablauf.

Vorherige Seite:
Die NATTER wird gerade mit C-Stoff betankt, der »Tankwart« trägt einen Schutzanzug, der ihn vor den gefährlichen Treibstoffen schützen soll. Bei näherem Hinsehen erkennt man die »verpackte« Puppe im Cockpit. Desweiteren ist am unteren Rand der Kabinenhaube zweimal die Zahl 52 zu erkennen, d. h. es handelt sich hier um die zweite Serienmaschine (Mustermaschine M1-M50, Serienmaschinen ab M51).

Die startbereite NATTER hängt in der Holzmastlafette, gut zu erkennen sind die Wasserschläuche der Feuerwehr im Vordergrund.

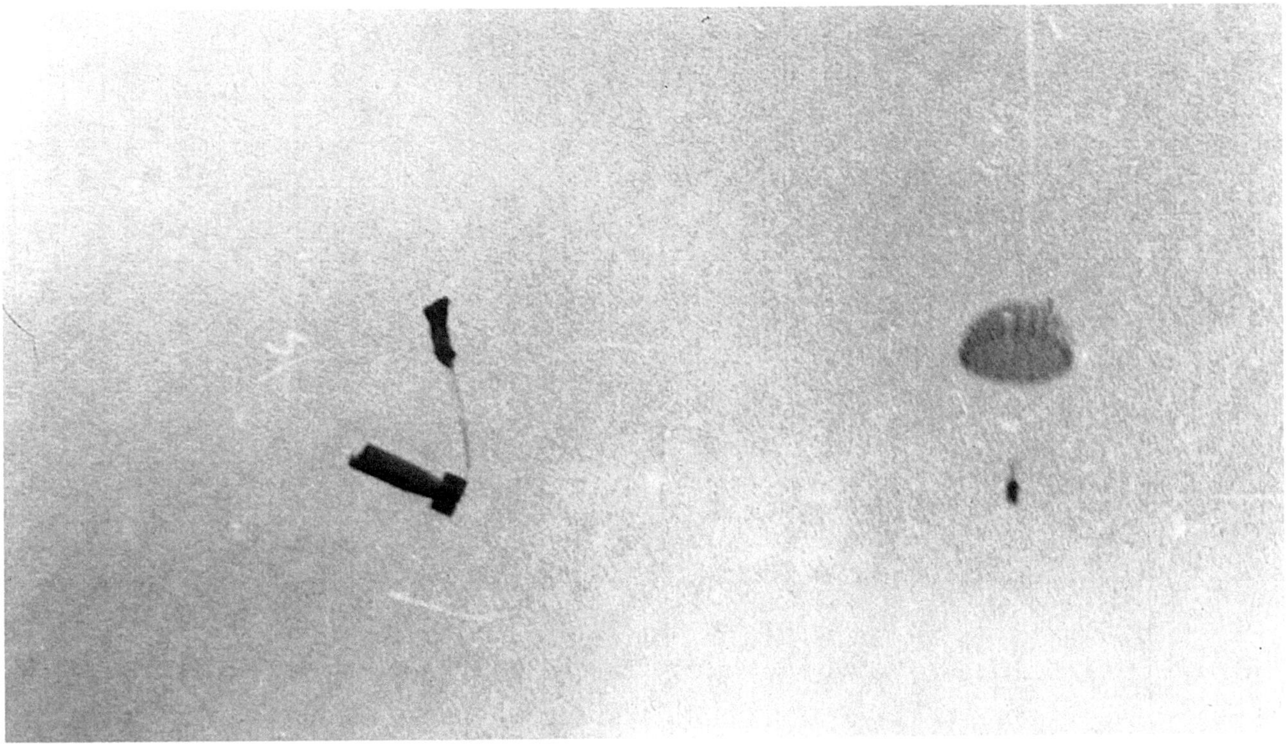

Erfolgreicher Versuch mit einer Puppe. Der Bergungsschirm der NATTER ist gerade ausgestoßen worden, der Fallschirm der Puppe hat sich hingegen schon geöffnet.

Anfang April 1945 zeigten sich nun immer deutlicher die Anzeichen des nahenden Kriegsendes. Wir hatten noch eine komplette Versuchsmaschine und überlegten, ob wir sie zerstören oder ob wir sie aus der Lafette starten sollten. Wir stimmten ab und entschieden uns dafür, die Maschine zu starten. Es sollte der letzte Start einer NATTER am Ochsenkopf sein und mir in schmerzlicher Erinnerung bleiben.
Am 10 April 1945 war es soweit, die Maschine hob normal ab. Doch plötzlich setzten die Startraketen aus. Die Schubkraft des Walter-Triebwerks reichte noch nicht aus, um die Maschine weiter zu beschleunigen. Die NATTER ging in eine extreme Rückenlage (siehe S. 68), erreichte noch knapp 200 m Höhe und stürzte dann ab. Bei der Explosion am Aufschlagspunkt wurde ich so schwer an den Beinen verletzt, daß ich für vier Monate ins Lazarett mußte und dort das Kriegsende erlebte. Unter den Folgen dieser Verletzungen habe ich noch heute zu leiden«.
Dem Bericht von Karl Mielenhausen ist noch nachzutragen, daß am 22. April 1945 die Gemeinde Stetten a.k.M. von französischen Truppen eingenommen wurde. An diesem Sonntag wurde auch der Heuberg von den Franzosen besetzt, ohne daß sie auf nennenswerten Widerstand gestoßen wären. Das *Sonderkommando 600N*, sprich die Natter-Mannschaft, hatte sich bereits am 13. April 1945 in Richtung St. Leonhard in Österreich abgesetzt.
Doch zurück zur Steilstarterprobung. Um Daten über die Startbeschleunigung zu erhalten, wurde wie folgt verfahren: In die Führungsmittelschiene für das Seitenleitwerk wurden in gleichen Abständen Rechtecklöcher gebohrt. In diesen Löcher fanden die Endkontakte von zwei Drähten eines Meßkabels Platz. Die Meßkabel führten zu einem Auswertegerät in der Meßstation. Am unteren Ende des Seitenleitwerks saß ein Gleitschuh aus Metall, damit die Führung des Seitenleitwerks das hölzerne Seitenleitwerk nicht beschädigen konnte. Jedesmal, wenn die NATTER beim Start mit dem Gleitschuh über die Leitungsenden rutschte, gab es einen Kontakt. Die gemessene Zeit von dem Kontaktsignal bis zum nächsten Kontaktsignal erlaubte nun, die Start-

10. April 1945. Letzter Start einer NATTER am Ochsenkopf. Die Aufnahme zeigt die Mustermaschine M51 kurz vor ihrem Absturz, bei dem Karl Mielenhausen schwer verletzt wurde.

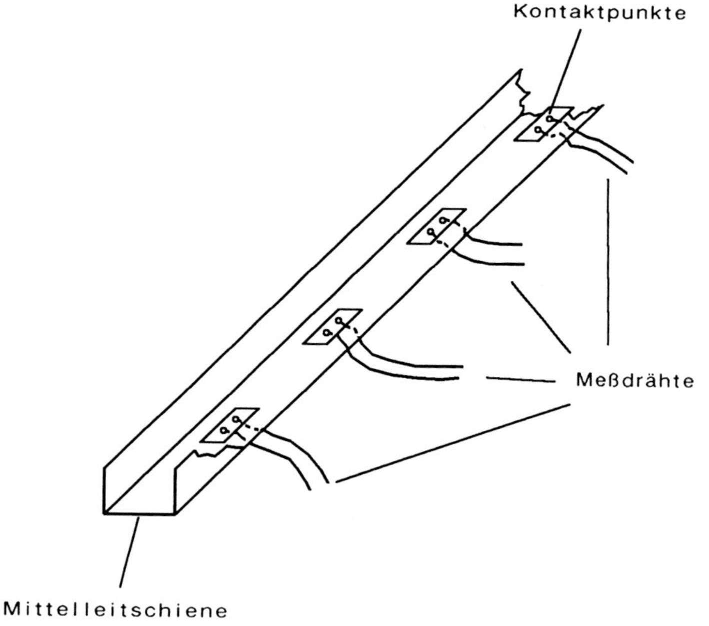

Skizze der Meßvorrichtung für die Startbeschleunigung.

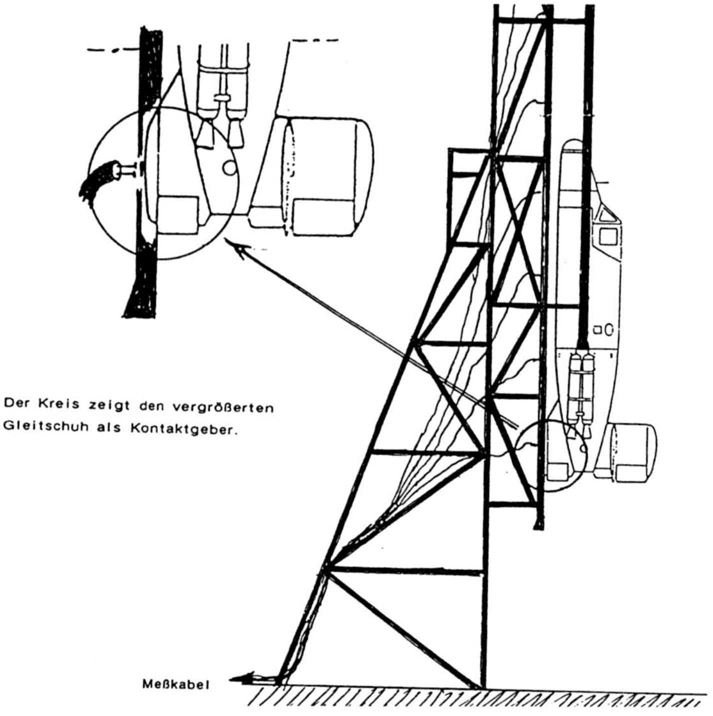

Skizze der Verlegung der Meßkabel.

Die startbereite M33. Die Maschine ist weit nach oben im Startgerüst arretiert, um das Verhalten bei verkürzter Startstrecke untersuchen zu können.

Start der Mustermaschine M14 am 16. März 1945.

beschleunigung zu errechnen. Die Kontakte mußten vor jedem Start neu verkabelt werden.

Von einigen Maschinen wurden, wie bereits berichtet, mit einer Fernkamera Filmaufnahmen angefertigt. Der komplette Startablauf des Musters M17 wurde z. B. in Zeitlupe aufgenommen und anschließend ausgewertet (siehe S. 57 - 60).

Bei Versuchen mit verkürztem »Anlauf« (bis zu 8 m) stellte sich heraus, daß 9,5 m völlig ausreichten, um ein eiwandfreies Verlassen der Lafette zu gewährleisten. Um die Startstrecke zu verkürzen, wurde die NATTER einfach weiter oben im Startgerüst arretiert (siehe Abbildung S. 57).

Paralell zu den Steilstartversuchen am Ochsenkopf wurden mit einer verkleinerten NATTER (Maßstab 1:2) Startversuche mit einer 3- bzw. 4-Seilfesselung in Peenemünde durchgeführt. Hierzu wurden drei bis vier Seile schräg gespannt; beim Start sollten die Seile gleichmäßig abrollen und die NATTER »führen«. Als Triebwerk war eine 500kp Feststoffrakete von Rheinmetall Borsig im Rumpf der Mininatter eingebaut.Die Konstruktion der »kleinen« NATTER erfolgte in Stettin. Der erste und wohl auch einzigste Startversuch im Februar 1945 mißlang, da die Rezirkulation des Raketenabgasstrahls den Bergungsschirm der Versuchsmaschine auslöste. Die NATTER kam vom Kurs ab und zerschellte am Boden.

Es war auch noch eine fahrbare Abschußrampe projektiert worden, die aber nicht zur Ausführung, geschweige denn zur Erprobung kam.

Insgesamt wurden in der Zeit von Dezember 1944 bis Mitte April 15 Mustermaschinen am Ochsenkopf im Steilstart getestet; davon waren drei Maschinen mit der

LGW-Automatik ausgerüstet, lediglich eine Maschine wurde bemannt gestartet. Die Walter-Triebwerke dreier Maschinen wurden nach Steilstarts ausgebaut und zur Überprüfung ins Herstellerwerk geschickt. Ob diese Triebwerke »wiederverwendet« wurden, ist unbekannt.
Interessant ist auch die Tatsache, daß alle gestarteten Mustermaschinen immer im Bereich des Geländes des Truppenübungsplatzes landeten; einzige Ausnahme war die bemannte M23.
Zur Rumpfbergung der Mustermaschinen wurde ein einzelner großer Bergungsschirm verwendet, für die Einsatzmaschinen hingegen fanden zwei Bänderfallschirme Verwendung (siehe Abbildung S. 116).
Anfang März 1945 wurde auf dem Gelände des Truppenübungsplatzes Ohrdruf (Thüringen) mit dem Bau eines 2. Steilstartstahlgerüstes begonnen. Noch im Februar 1945 hatte man sich über die schleppende Zementzuteilung für das Fundament der Startlafette beklagt. In Ohrdruf sollte ein zweites Testzentrum für die Steilstarterprobung entstehen, um eine Ausweichmöglichkeit vor den von Westen heranrückenden Westalliierten zu haben. Allerdings konnte hier bis zum Kriegsende keine Erprobungstätigkeit mehr aufgenommen werden. Ende April 1945 nahmen US-Truppen den Truppenübungsplatz Ohrdruf ein, die ihn später an die Russen übergaben. Interessant ist vielleicht noch die Tatsache, daß dort noch im April 1945 an der Errichtung eines neuen *Führerhauptquartiers* gearbeitet wurde.
Über Zementmangel hatte sich auch die Natter-Mannschaft am Heuberg beklagt, sie benötigte Zement für die Steilstartversuche: Ein »Betonklotz« diente als Gewichtsersatz für die fehlende Bugbewaffnung der Mustermaschinen.
Abschließend sei noch erwähnt, daß speziell für die hochbrisanten Treibstoffe des Walter-Triebwerkes Treibstoffbehälter eingegraben wurden. Der notwendige Treibstoff wurde jedesmal beim Transport einer Versuchsmaschine von Waldsee mitgebracht. Beim Betanken einer NATTER trug das Personal besondere Schutzkleidung (siehe Abbildung S. 65), die allerdings nur bedingt vor den gefährlichen Treibstoffen schützte.
Um den Stand des NATTER-Projekts im Februar 1945 zu dokumentieren, ist nachfolgend der Bericht von Fliegerstabsingenieur Reyle vom 27.02.45 wiedergegeben (aufgrund der schlechten Qualität des Originals in Abschrift).

Technischer Stand Projekt »Natter« Ende Februar 1945

Abschrift

Fl.Stabsing. Reyle ***o.U., den 27. Februar 1945***
Bb.Nr.166/45 g.Kos. ***5 Ausfertigungen***

Betr.: Technischer Stand Projekt »Natter«
Vorg.: Rücksprache Obstlt. Dr. Halder,
Hptm. Stocker,

Fl.Stabsing. Reyle am 27.2.1945

1.Begründung der taktischen Notwendigkeit der bemannten Rakete
a) Gesamtaufwand
Das Ziel der bemannten Rakete liegt darin, mit einem Gerät vom Aufwand von 1/10 eines normalen Jagdflugzeuges als Verlustgerät, wobei wertvolle Teile geborgen werden, einen sicheren Abschuß zu erzielen. Arbeitsstundenaufwand ungefähr 1000 Arbeitsstunden. Die laufend zur Verfügung stehende Bodenorganisation muß in tragbaren Grenzen gehalten werden und gegenüber der Feindeinwirkung unempfindlich sein (gute Tarnmöglichkeit).

b) Ausbildung der Besatzung
Der Aufwand für die Ausbildung des Führers der bemannten Rakete soll allenfalls nur einen Teil der Normalausbildung eines Jagdfliegers umfassen, da Start und Landung nicht beherrscht werden müssen, so daß sich die Ausbildung lediglich auf das Beherrschen des Flugkörpers in der Luft und dem Zielanflug beschränken. Nach Erfahrungsaustausch mit Flugzeugführern von Jagdfliegereinheiten ist ein Ausbildungsaufwand von ca. 20 Flugstunden in verschiedenen doppelsitzigen Flugzeugen ausreichend.

c) Erfolgsaussichten
Im überraschenden Anflug mit großer Steiggeschwindig ergaben sich für den Einzelkämpfer sowie im Masseneinsatz gute Erfolgsaussichten, wenn der Einsatz mit Hilfe eines einfachen Zielauffindungsverfahrens (Programmablauf aus dem senkrechten Start) auf einen Vorhaltepunkt in Ver-

bindung mit einer wirksamen Schrotschußbewaffnung erfolgt. Auch der Schlechtwetter- und Nachteinsatz ist durchführbar.

d) Gegenüberstellung (ferngelenkte Rakete - »Interceptor Me-163«)
Die Schwierigkeiten des ferngelenkten Raketenfliegens nach dem augenblicklichen Stand liegen, vor allem in der genauen Heranführung und Auslösung am Ziel bzw. der Störmöglichkeit und des für den Masseneinsatz hierfür notwendigen Aufwands an Bodenorganisationen.
Die Erfahrungen mit dem Interceptor Me-163 haben ergeben, daß der Aufwand hinsichtlich Material, Arbeitsstunden und Ausbildung für die Besatzungen zu groß ist. Das Funkleitverfahren ist für den Masseneinsatz zu aufwendig. Für den Angriff auf Bomberverbände war die Bewaffnung nicht ausreichend (Eine Untersuchung über den senkrechten Schuß beim Unterfliegen als Angriffsbewaffnung ist eingeleitet.). Die erforderlichen großen Flugplätze und Startbahnen sind schlecht zu tarnen. Bei der Landung als Segelflugzeug werden die Flugzeuge von den feindlichen Begleitjägern abgeschossen.

2. Bisheriger Verlauf der Arbeiten am Projekt »Natter«
a) Die Bearbeitung durch OKL/Chef TLR und SS-Führungshauptamt
Der im August 1944 eingereichte Vorschlag des Projektes »Natter« fand beim RLM/Chef TLR-Fl-E und vor allem durch das SS-Führungshauptamt eine tatkräftige Unterstützung. Durch OKL/Chef TLR hinsichtlich Zuschaltung der Fachabteilungen und Erfahrungen mit der Me-163, sowie des Büros »Lusser« der Fa. Fieseler zur Serienreifmachung des Gerätes und Verbindung zu den Forschungsstellen. Durch das SS-Führungshauptamt führt hinsichtlich Kraftfahrzeuge und Personal der Arbeitsstab »Natter« und das SS-Kd.

b) Verzögerung durch Entwicklungskommision »Sonderflugzeuge«
Nachdem Dir. Lusser mit der Führung der Entwicklungskommission »Sonderflugzeuge« beauftragt worden war, trat er mit seinem Büro von der Mitarbeit an dem Projekt »Natter« zurück, ohne daß entsprechender Ersatz gestellt wurde. Sein Hauptinteresse galt nicht mehr der senkrecht startenden Rakete, sondern einer verkleinerten Me-163 (Projekt »Julia«) der Heinkelwerke. Alle Anforderungen von Fachpersonal (Konstrukteuren), scheiterten an der negativen Einstellung von Dir. Lusser. Vor längerer Zeit ist jedoch das Projekt »Julia« aus der Entwicklung gestrichen worden, da von seiten des OKL-Stabes kein Bedarf bestand. In der Folge schied das Projekt »Natter« aus dem Bereich der Entwicklungskommission »Sonderflugzeuge« aus.

c) Möglichkeiten im Bachem Werk
Dipl.-Ing. Bachem, früher Direktor der Fieseler Werke, hat das Werk in Waldsee in den vergangenen zwei Jahren aufgebaut. Zur Zeit sind einschließlich des SS-Kdos. 600 Werktätige beschäftigt. Neben Arbeiten am Projekt »Natter« sind früher vor allem Leitwerke für Torpedos und Flugzeuge, Leimpressen und sonstige Einzelteile hergestellt worden. Das Konstruktionsbüro ist für die Aufnahme der Arbeiten am Projekt »Natter« nicht ausreichend besetzt gewesen. Eine gewisse Verstärkung ist in der Zwischenzeit erreicht worden. Zum schnellen Abschluß aller Konstruktionsarbeiten ist jedoch auf einzelnen Spezialgebieten noch Unterstützung erforderlich.

3. Technischer Stand Projekt »Natter«
a) Zelle
Die erste Ausführung unter der Bezeichnung BP-20 A mit 3,20 m durchgehenden Mitteldeckerflügel ist fest verleimt ausgeführt. Als Einsatzgerät ist die Ausführung BP-20 B nach Zeichnungsnr. 8-349 A...2 vorgesehen, ebenfalls Holzschalenbauweise, Länge 6,50 m, 3,6 m Spannweite, Flügel durchsteckbar. Abfluggewicht 2300 kg mit Startraketen. Der Arbeitsstundenaufwand für die Zelle soll 300 Arbeitsstunden betragen.
Für den bevorstehenden Krokus-Einsatz wird unbedingt eine Schnellösung beabsichtigt. Der Rumpf der BP-20 wird durch Zwischenlegen eines Spantes verlängert. Auf die Fallschirmbergung des Rumpfhecks wird verzichtet. Zur Sicherstellung des Abfangvorganges wird ein Sicherheitsschirm eingebaut. Die Flügelspannweite beträgt 3,6 m. Der Flügel ist fest mit dem Rumpf verleimt. Die ersten

Zellen dieser Ausfertigung müßten inzwischen fertiggestellt sein. Sämtliche Ruder liegen im Leitwerk. Abfluggewicht 2100 kg.

b) Triebwerk
*Vorgesehen ist das bereits im Muster Me-163 erprobte heiße Walter Triebwerk (1700-2000 kg Schub) in Verbindung mit 4 Startraketen der Fa. Schmidding von jeweils 12.000 kg *sec Impuls. Der Triebwerkseinbau (T-Stofftank 520 kg, C-Stofftank 150 kg für A und A1 Ausführung ist mit den Fachabteilungen Fl-E3 und E-Stelle Karlshagen in Zusammenarbeit mit der Fa. Walter erstellt. Als Ersatzlösung ist die Startrakete der Fa. Rheinmetall mit 30.000 kg*sec Impuls vorgesehen. Die letzteren Ergebnisse der Triebwerkserprobung am Stand bzw. im Start liegen noch nicht vor.*

c) Bewaffnung
Von den ursprünglich vorgesehenen 4 Bewaffnungen (Zwillingsbewaffnung Mk 108 mit je 6 Schuß und 7,3 cm R Sprgr) ist für den Krokuseinsatz die 7,3 cm R Sprgr in einem Abschußgestell von 24 Raketen von 53 cm Länge ausgewählt worden. Die Fertigstellung der Geräte ist sichergestellt.

d) Ausrüstung
Für die ersten Versuche einer Programmsteuerung ist eine 3-Achssteuerung der alten Ausführung K12 vorgesehen. Die Einbauarbeiten sind im Gange. Für später ist die vereinfachte Jägersteuerung K23 vorgesehen. Hinsichtlich Steuerungsfragen ist eine weitere Unterstützung erforderlich. Außerdem ist ein 3-Achsensichtgerät für den Flugzeugführer vorgesehen. Die ersten Geräte befinden sich in der Erprobung.
Die Bereitstellung der Sicherheitsfallschirme und der für später vorgesehenen Schirme für die Bergung des Rumpfhecks ist sichergestellt.

e) Bodengerät
Für den Krokus-Einsatz ist eine vereinfacht Holzmastlafette, die fest im Boden eingebaut ist und an der die Führungsschienen drehbar gelagert sind, vorgesehen. Die Führungslänge beträgt 9 m. Die Erprobung der Lafette ist noch nicht durchgeführt. Die Herstellung von 10 Stück läuft termingemäß.

f) Zielauffindung
Hinsichtlich der Zielauffindung (Abschießen des Gerätes auf einen Vorhaltepunkt) sind bisher noch keine Arbeiten angelaufen. Es wird auf die anläßlich der Rücksprache mit Oblt. ... verfaßte Aktennotiz hingewiesen. Eine Vorbereitung der hierfür notwendigen Bodenorganisation und Änderungen des Gerätes oder eines anderen geeigneten Zielauffindungsverfahrens ist dringend erforderlich.

4. Bisherige Versuchsdurchführung
a) Tragschlepp
Unter einer He-111 im Tragschlepp als Sonde fliegende »Natter« ohne Triebwerk, bemannt, es wurden bereits mehrere Flugeigenschaftsflüge durchgeführt. Die Flugeigenschaften ließen sich durch die Einflüße des Tragseils bzw. des festeingebauten Fahrwerks nicht eindeutig bestimmen, haben jedoch gewisse Hinweise für den bemannten Freiflug ergeben. Es wurden bisher 4 derartige Versuche durchgeführt. Die Versuchsdurchführung lag bei dem Forschungsinstitut für Segelflug, Abteilung Prof. Ruden.

b) Mistelschlepp
Unter der Tragfläche der He-111 im Bombenschloß lösbar aufgehängt wurden 4 Versuche zur Trennung des Bugs vom Rumpf nach dem Abwurf des unbemannten Gerätes durchgeführt. Die Funktion der Trennung mit Sprengbolzen hat sich dabei als brauchbar erwiesen.
Bisher hat ein bemannter Freiflug aus ca. 6000 m Höhe stattgefunden, bei dem Geschwindigkeiten von von 600 km/h erflogen und gute Flugeigenschaften festgestellt wurden. Der Flugzeugführer hat das Gerät in 2000 m Höhe mit dem Fallschirm verlassen (nähere Einzelheiten über die Versuchsdurchführung liegen nicht vor, da der Versuch während meiner Abwesenheit stattgefunden hat).

c) Eigenstart
Aus einer verhältnismäßig aufwendigen Versuchsabschußlafette von 20 m Höhe drehbar und auf 70° schwenkbar haben bisher 5 Abschüsse unbemannt ohne Mitteltriebwerk mit Außenraketen stattgefunden. Dabei hat sich eine Führungslänge von 9 m als ausreichend erwiesen und der senkrechte

Start als solcher keine grundsätzlichen Schwierigkeiten bereitet. Die Geräte flogen unbemannt ohne Steuerung mit vorderer bis normaler Schwerpunktlage und 1 bzw. 2 g Beschleunigung. Startversuche mit Mitteltriebwerk sind täglich zu erwarten. Die Vorbereitungen hierfür sind nahezu abgeschlossen. Rückschläge haben sich bei der Inbetriebnahme von ungeprüften Walter-Triebwerken ergeben. Außerdem war die Zahl des eingewiesenen Personals nicht ausreichend.

5. Krokus-Einsatz

a) Vorbereitung

Im Herstellerwerk sind durch Einschalten von Beauftragten des SS-Führungshauptamtes X in organisatorischer Hinsicht die zuerst vorhandenen Schwierigkeiten in der Stromversorgung und Heizung überwunden. Schwierigkeiten mit der Steuerung sind durch erneute Veranlassung bei LGW in der Klärung, von der Fa. Walter ist zusätzliches Fachpersonal für die Behebung der Triebwerksschwierigkeiten zugesagt. Major Gartenfeld hat mit der Aufstellung des Kommandos begonnen.*

b) Sofortmaßnahmen

Für die rechtzeitige Inmarschsetzung des Bodengerätes und Vorbereitung der Bodenorganisation ist die Festlegung des Einsatzortes von besonderer Dringlichkeit. Gemäß Rücksprache mit Major Harras, Standartenführer Hoffmann und Major Gartenfeld, werde ich die Festlegung im Raum Stuttgart schnellstens durchführen, damit der Vorschlag zur Genehmigung eingereicht werden kann.*

Die Beauftragung eines Flak-Offiziers mit der Bearbeitung des Zielauffindungsverfahrens und Einweisung des Personals am Einsatzplatz ist ebenfalls dringend erforderlich. Ferner wird noch die Unterstützung in Transportangelegenheiten erforderlich sein.

c) Erfolgsaussichten

Das Einhalten des Termins mit 10 Nattern zum Versuchseinsatz am 20.03.45 ist von der Konzentration und schnellen technischen Schwerpunktbildung abhängig. Die Zahl der noch nicht erprobten Einzelprobleme ist so groß, daß mit Rückschlägen gerechnet werden muß. Bei einer tragbaren Terminausweitung von 4 Wochen kann mit der dann für den Versuchseinsatz bereitstehenden B-Ausführung größerer Reichweite, doppelt so starker Bewaffnung und verbesserter Flugeigenschaften bei Bergung des Rumpfhecks gerechnet werden.

Um den neuesten technischen Stand und die letzten Erprobungsergebnisse festzustellen, wird vorgeschlagen, baldmöglichst dem Bachem-Werk, Waldsee, und dem Erprobungsplatz Heuberg einen Besuch abzustatten.

gez. Unterschrift

Verteiler

1. SS-FHA Amt X Ing. Schaller
2. BAL-B
3. BAL-B
4. Chef RLM/Flak E 5
5. Chef RLM/Flak E 5

---

* In einigen Unterlagen auch Schreibweise »Major Gardenfeld«.

Die Mustermaschinen

Die nachfofgende Liste gibt Auskunft über die im Steilstart und im Tragschlepp verwendeten Mustermaschinen M1 bis M34:

BP-20 M1	Erprobt am 3.11.44	Tragschlepperprobung in Neuburg, Pilot Erich Klöckner, Mustermaschine mit dreirädrigem Startwagen, Maschine ging bei Landung zu Bruch.
BP-20 M2	Erprobt am 7.11.44	Mistelschlepperprobung in Ainring, unbemannt, Bergungsfallschirm öffnete nicht und Maschine wurde total zerstört.
BP-20 M3	Erprobt vom 14.12.44 bis 27.1.45	Tragschlepperprobung in Neuburg, Pilot Erich Klöckner, Mustermaschine mit Dreibeinfahrwerk, es wurden insgesamt drei Testflüge durchgeführt.
BP-20 M4	Keine Flugerprobung	Rumpf für Beschußversuche mit verschiedenen Waffeneinbauten getestet (MK 108, R4M, Föhn, Rohrbatterie).
BP-20 M5	Erprobt am 2.12.44	Mistelschlepperprobung, unbemannt, Abwurf über Truppenübungsplatz Heuberg, erfolgreiche Erprobung des Bergungsschirmes und des Freikommens der Puppe, anschließende Verwendung der Zelle für Bruchversuche.
BP-20 M6	Erprobt am 3.12.44	Wie bei M5 jedoch versagte der Bergungsschirm, die Zelle wurde beim Aufschlag völlig zerstört.
BP-20 M7	Erprobt am 5.12.44	Wie M5.
BP-20 M8	Erprobt am 14.2.45	Tragschlepperprobung und erster Freiflug in Neuburg, Pilot Hans Zübert, Mustermaschine mit dreirädrigem Startwagen, Maschine ging bei der Landung wegen Versagens des Bergungsschirmes zu Bruch.
BP-20 M9	Keine Erprobung	Wie M8, vorgesehen für Tragschlepperprobung, am 1.3.45 in Waldsee im Bau.
BP-20 M10	Keine Erprobung	Wie M8, vorgesehen für Tragschlepperprobung.
BP-20 M11	Keine Erprobung	Vorgesehen für bemannte Tragschlepperprobung und anschließendem Freiflug mit Triebwerk.
BP-20 M12	Keine Erprobung	Wie M11.
BP-20 M13	Erprobt am 30.3.45	Steilstarttest Heuberg, unbemannt, Rumpf wurde beim Auftreffen am Boden zerstört.
BP-20 M14	Erprobt am 16.3.45	Steilstarttest Heuberg mit LGW-Steuerung, unbemannt, Rumpf wurde beim Auftreffen am Boden zerstört.
BP-20 M15	Keine Erprobung	Wie M11, jedoch mit anschließendem Test der automatischen Steuerung und der Bewaffnung.
BP-20 M16	Erprobt am 22.12.44	Steilstarttest Heuberg, unbemannt, erster erfolgreicher Steilstart, Rumpf wurde beim Auftreffen am Boden kaum beschädigt und konnte für statische Festigkeitsversuche verwendet werden.
BP-20 M17	Erprobt am 29.12.44	Steilstarttest Heuberg mit 12,5 m Führungslänge, unbemannt, Maschine mit Drallblechen, Bergungsschirm riß ab, Maschine wurde völlig zerstört.
BP-20 M18	Keine Erprobung	Vorgesehen für Steilstart wie M17.

BP-20 M19	Keine Erprobung	Vorgesehen für Steilstart mit Walter-Triebwerk.
BP-20 M20	Erprobung der Startraketen	Bodentests mit Startraketen im Bachem-Werk.
BP-20 M21	Erprobt am 18.12.44	Erster Steilstart am Heuberg, unbemannt, Maschine verbrannte nach Versagen der Startfalle im Startgerüst.
BP-20 M22	Erprobt am 25.2.45	Steilstart mit Walter-Triebwerk und Startflossen, Pilotenpuppe, erster erfolgreicher Steilstart am Heuberg mit vollausgerüsteter Maschine und erfolgreicher Bergung der Pilotenpuppe, durch Entzünden von Resttreibstoffen des Walter-Triebwerks verbrannte die Maschine nach »Landung« am Boden.
BP-20 M23	Erprobt am 1.3.45	Steilstart mit Walter-Triebwerk, bemannt, Pilot Lothar Sieber, erster bemannter Steilstart am Heuberg. Nach zunächst erfolgreichem Start erschien die Maschine durch Orientierungsverlust des Piloten, senkrecht nach unten aus den Wolken stürzend. Der Pilot hatte keine Anstalten zu seiner Rettung gemacht. Lothar Sieber kam beim Aufschlag der Maschine am Boden ums Leben.
BP-20 M24	Erprobt am 15.3.45	Steilstart Heuberg mit Walter-Triebwerk und Startflossen, unbemannt, Zelle bei Landung stark beschädigt, Triebwerk blieb völlig intakt.
BP-20 M25	Eprobt Anfang April 1945	Wie M24.
BP-20 M26	Keine Erprobung	Verwendung unbekannt
BP-20 M27	Keine Erprobung	Verwendung unbekannt
BP-20 M28	Keine Erprobung	Verwendung unbekannt
BP-20 M29	Keine Erprobung	Verwendung unbekannt
BP-20 M30	Keine Erprobung	Verwendung unbekannt
BP-20 M31	Erprobt am 14.2.45	Steilstart Heuberg ohne Drallbleche, unbemannt, Zelle bei Landung am Boden zerstört.
BP-20 M32	Erprobt am 15.2.45	Steilstart Heuberg mit Drallblechen, unbemannt, verkürzte Führungslänge auf 8m, Zelle bei Landung am Boden zerstört.
BP-20 M33	Erprobt am 26.2.45	Steilstart Heuberg mit 9,5 m Führungslänge, unbemannt, Maschine explodierte in der Luft.
BP-20 M34	Erprobt am 21.3.45	Steilstart Heuberg mit LGW, Maschine mit Startflossen, Pilotenpuppe, Zelle bei Landung am Boden zerstört.
BP-20 M51	Erprobt am 10.4.45	Steilstart Heuberg mit Walter Triebwerk, unbemannt, Maschine stürzte nach Versagen der Startraketen ab und wurde völlig zerstört, letzter Start am Heuberg.
Ba-349 A	8 Einsatzmaschinen fertiggestellt, 4 davon in St. Leonhard von den Amerikanern erbeutet, eine dieser 4 Beutemaschinen befindet sich heute im Museum von Silver Hill, 2 Maschinen wurden im Ötztal zerstört, eine Maschine, die M52, wurde Anfang April 1945 von der Mastlafette am Heuberg mit einer Pilotenpuppe gestartet, die Maschine war mit LGW Steuerung ausgerüstet und die M51 am 10. 4. 1945 erprobt.	
Ba-349 B	Eine Einsatzmaschine in Waldsee im Bau.	
Ba-349 C	Projektierte Einsatzmaschine mit abnehmbaren Tragflächen, evtl. noch Einzelteile gefertigt.	

2

Der erste bemannte Raketenstart der Welt

Am 1. März 1945 führte Lothar Sieber in einer NATTER den ersten bemannten Raketenstart der Welt durch. Die dramatischen Ereignisse und die unmittelbare Vorgeschichte werden im folgenden von Augenzeugen geschildert. Die Geschichte beginnt in Berlin-Niederschönhausen.

Am 21. September 1944 wurde der bekannte Fallschirmspringer Wilhelm Buss (Buss war der erste Mensch, der sich mit einem Schleudersitz aus einem Flugzeug katapultieren ließ) von Stabsingenieur Ruck (Technisches Amt des RLM) von der Versuchsstelle Rechlin nach Berlin beordert, um als Berater, Ausbilder und »Versuchskaninchen« für das Projekt NATTER tätig zu werden. Wilhelm Buss berichtet hierüber:

»Von einem Projekt NATTER war mir seinerzeit noch nichts bekannt. Vom Technischen Amt im RLM wurde mir mitgeteilt, daß ich mich bei der Flugzeugfirma Henschel in Berlin-Niederschönhausen mit zwei Fallschirmen einfinden sollte, um dort einen jungen Mann für einen Sonderzweck auszubilden. Ich hingegen sollte ebenso für einen Sonderzweck fliegen lernen, damit ich aus einem »Spezialgerät« abspringen könnte. Ich begab mich dann nach Berlin und traf bei den Henschelwerken einen jungen Flugzeugführer; ein freundlicher blonder Mann, der mich in das Geheimprojekt NATTER einweihte. Wir sprangen einige Tage zusammen in Niederschönhausen. Beim ersten und zweiten Absprung sprangen wir zusammen und ich hatte meinem Schüler gesagt, daß er nach sechs Sekunden den Handgriff des Fallschirmes betätigen sollte, so daß wir beide am entfalteten Schirm nebeneinander hingen und auch landeten. Zwei Tage später sprang er ohne mich; ich beobachtete am Boden. Er hatte sich in der Windrichtung verkalkuliert und landete genau am Ende einer Baracke und streifte das Dachende mit seinem Rücken. Von diesem Tage an war der Pilot nicht mehr einsatzfähig.

Als ich nach Rechlin zurückkam, begann ich damit, Flugstunden zu nehmen. Später erst habe ich erfahren, welch ehrenvollen Auftrag man mir geben wollte. Man wollte mich in die NATTER setzen. Soviel ich später erfahren habe, hat die Leitung der Erprobungsstelle Rechlin meine Beteiligung am Projekt NATTER abgelehnt, daraufhin stellte der Auftraggeber einen Offizier als Flugzeugführer zur Verfügung.

Es verging einige Zeit, dann erschien ein Flugzeugführer von der DFS in Rechlin, um sich bei mir Rat zu holen. Er wollte von mir einen Bänderfallschirm haben für seine Absprünge bei den Tragschleppversuchen mit der NATTER. Der Testpilot von der DFS klagte mir sein Leid und erzählte, daß ihn alle Knochen schmerzten von den hohen Entfaltungsstößen, die Fallschirmabsprünge aus der NATTER nach sich zogen. Ich sagte ihm, daß der Bänderfallschirm noch in der Erprobung sei und dieser unter 200 km/h keine Füllung habe. Außerdem wäre man sich noch nicht im klaren, welche Art Bänder man verwenden wollte, da sich die jetzigen Bänder ohne Selfkanten rollten und die Möglichkeit bestand, daß eine verzögerte Füllung der Fallschirmkappe eintrat. Aus diesem Grund war der Bänderfallschirm auch nur für zwei Rettungssprünge zugelassen.

Im Frühjahr 1945 erhielt ich den Auftrag, mich auf dem Heuberg in Württemberg einzufinden, wo ich auch Herrn Sieber kennenlernte, welcher die erste NATTER im Steilstart fliegen sollte. Lothar Sieber kam mir sehr ruhig und nachdenklich vor. Ich sprach lange Zeit mit ihm; er war der Meinung, daß ihm nichts passieren würde, da er einen guten Stern hätte.

Als ich in dem Gasthaus am Heuberg eintraf, erfuhr ich, daß das Projekt NATTER fast fertiggestellt war. Durch einen Druck auf einen Knopf erfolgte die Bugtrennung, und zum Wegziehen des Sitzes nach hinten diente der Bergungsschirm, welcher auch die Maschine sicher zu Boden bringen sollte. Der Pilot trennte sich dann vom Sitz und betätigte den Handgriff seines Fallschirms. Man erzählte mir, daß das Gerät schon verschiedene Male erprobt worden war und zur Zufriedenheit gearbeitet hätte.

Ich war skeptisch. Zwischen dem Abschuß und der Trennung der Flugzeuges fehlte eine automatische Sicherheitsvorrichtung. Wenn das Kabinendach abfliegt, muß dieses bereits automatisch die anderen Sicherheitsvorrichtungen auslösen. Das war schon meine Überlegung beim ersten Katapultabschuß gewesen.

Mit Lothar Sieber flog ich einige Male zum nahegele-

Linke Seite:
Lothar Sieber zwängt sich mit einer wahrhaft akrobatischen Leistung in das enge Cockpit, einige Monteure müssen ihm dabei Hilfestellung leisten.

genen Flugplatz Reichenbach (Bad Schussenried), hierfür stand eine Bücker 181 zur Verfügung. Wir übten dort öfters gemeinsam Fallschirmabsprünge aus unterschiedlichen Höhen, um Herrn Sieber auf alle möglichen Situationen für den bevorstehenden ersten Steilstart vorzubereiten.«

Auch Karl Mielenhausen weiß zu den Ereignissen bis zum ersten März 1945 und zum Startverlauf des ersten bemannten Steilstarts einiges zu berichten:
»Anfang Dezember 1944 erschien bei uns ein junger Mann in Zivil. Er war ständiger, interessierter und stiller Beobachter unserer Versuchsstarts. Bei jedem Startversuch war er anwesend und so erlebte er auch, wie am 26. Februar 1945 die NATTER (Mustermaschine M33) nach dem Start in der Luft explodierte. Auch unsere Erfolge mit der Puppe als Pilot und mit vollausgerüsteter Triebwerksanlage konnte er miterleben.
Eines Tages erfuhren wir, nachdem wir uns mit Lothar Sieber, so hieß der geheimnisvolle Fremde, näher angefreundet hatten, daß er als erster die NATTER im Steilstart testen sollte. Wir waren alle ziemlich überrascht, Lothar erzählte uns, daß er seit Dezember 1944 als *Einflieger* bei der Firma Bachem angestellt war und als solcher öfters einige *Kurierflüge* mit unserer Bücker Bü-181 mit dem Kennzeichen GT+HX nach Reichenbach unternahm. So saßen wir denn auch am 28. Februar abends in unserer Stammgaststätte, als uns Lothar eröffnete, daß er am nächsten Morgen mit der Mustermaschine BP-20 M23 seinen ersten Start ausführen sollte. Wir waren sehr betroffen, doch Lothar meinte, ... »es wird schon nicht schlimmer werden, wie bei meinem letzten schwierigen Auftrag, mir passiert bei den tollsten Sachen nichts ... « . Dann erzählte er uns, wie er 1944 mit einer Arado Ar-232 (zwei bis viermotoriger Kampfzonentransporter mit gländegängigem Fahrwerk) in einem Partisanengebiet hinter der russischen Front landete und unter schwerem Beschuß eine Gruppe deutscher Offiziere ausflog. Man erzählte sich von Lothar Sieber auch, daß er einmal mit einer dreimotorigen Junkers Ju-52 einen Looping gedreht hatte. Trotz aller gegenteiligen Meinungen beharrte Lothar darauf, die NATTER von Hand zu steuern und nicht, wie vorgesehen, sich der bereits bei den Versuchen mit der Puppe verwendeten Automatik anzuvertrauen; ja er wollte sogar versuchen, mit der NATTER zu landen - ein Vorhaben, das wir ihm allerdings

Lothar Sieber

Lothar Sieber wurde am 07. April 1922 in Dresden geboren. Schon früh zeigte sich seine große Neigung zur Fliegerei. 1934 baute er als Zwölfjähriger seine ersten Flugmodelle. Ein Erlebnis sollte seinen späteren Lebensweg entscheidend prägen: Nach einer Kundgebung am 21. März 1936 im Schloß Bellevue in Dresden wollte es der Zufall, daß er direkten Kontakt mit Hermann Göring bekam - der »Schöpfer der deutschen Luftwaffe« drückte ihm höchstpersönlich die Hand. Nach diesem, für einen flugbegeisterten Jungen jener Zeit sensationellen Ereignis stand der Berufswunsch ein für allemal fest: Lothar Sieber wollte Fliegeroffizier werden. Die Ausbildung zum Flieger begann am 17. Januar 1940 an den Fliegerschulen Gutenfeld und Schippenbeil; im Januar 1941 verlieh die Blindflugschule Brandis Lothar Sieber das Prädikat »hervorragend«.
Während seiner verschiedenen Ausbildungen und anschließenden Kriegsverwendungen zeigte es sich, daß Lothar Sieber über außergewöhnliche Flugzeugführereigenschaften verfügte. Es gab kaum ein Flugzeug, das er nicht beherrschte. So flog er die Ju-52, Ju-88, He-111, He-116 (eine viermotorige Variante bzw. Entwicklung für die Lufthansa der He-111), Ar-232,SM-79 (italienische Transportmaschine), TB-3 (rus-

Oben: Ein Kampfzonentransporter Arado Ar-232, wie ihn Lothar Sieber beim KG 200 flog, bevor er als NATTER-Einflieger zum Ochsenkopf kam.

Links: Lothar Sieber mit seiner Verlobten Gertrud Nauditt Anfang 1944.

sischer Bomber), B-17 (amerikanischer Bomber), um nur einige zu nennen. Lothar Sieber wurde für seine Leistungen nach relativ kurzer Zeit zum Leutnant befördert und erhielt am 24. April 1942 sein erstes selbständiges Kommando.

Am 11. Februar 1943 wurde er jedoch von einem Feldgericht in Minsk wegen eines Wachvergehens (Alkohol im Dienst) zu vier Monaten Gefängnis, verbunden mit der Degradierung zum einfachen Flieger, verurteilt. Aufgrund eines Bittschreibens seines Vaters an Hermann Göring wurde die Strafe in sechs Wochen verschärften Arrest umgewandelt, der Rangverlust blieb jedoch bestehen. Nichtsdestotrotz wurde Lothar Sieber weiterhin als Flugzeugführer eingesetzt. Im August 1944, in der Ukraine, befreite er unter schwierigsten Bedingungen 23 eingeschlossene Kameraden. Er landete mit einer Arado 232 hinter den feindlichen Linien und startete unter starkem feindlichen Beschuß. In waghalsigem Tiefflug, einer fliegerischen Bravourleistung, brachte er die 23 Kameraden unverletzt zur eigenen Truppe zurück. Für seine Leistung erhielt er ein Anerkennungsschreiben von Oberst Baumbach (KG 200) und das Eiserne Kreuz I. Klasse. Bei der Verleihung durch Ritter von Greim nahm der Generaloberst gar sein eigenes EK I vom Rock und heftete es Lothar Sieber an die Brust. Otto Skorzeny, Mussolini-Befreier und Chef der SS-Jagdverbände, schlug Lothar Sieber nach weiteren Einsätzen für das Deutsche Kreuz in Gold, eine reine Tapferkeitsauszeichnung, vor; des weiteren wurde ihm die Beförderung zum Oberleutnant zugesagt.

Nach seiner Zeit beim KG 200, in der er etliche Flüge mit dem Kampfzonentransporter Arado Ar-232 durchgeführt hatte, kam er ab 22. Dezember 1944 als »Einflieger« zur Firma Bachem in Waldsee. Am 1. März 1945 schickte er sich an, als erster Mensch einen bemannten Raketenstart durchzuführen. Leider verlief dieser erste bemannte Start mit dem Versuchsmuster BP-20 M23 auf dem Gelände des Truppenübungsplatzes Heuberg tödlich.

Am 3. März 1945 wurde Lothar Sieber im Beisein von General der Flieger Blesch mit allen militärischen Ehren beigesetzt. Sein Grab befindet sich heute auf dem Friedhof von Nusplingen, einem Ortsteil von Stetten am kalten Markt. Lothar Sieber ging, weitgehend unbekannt, als Pionier der Raumfahrt in die Geschichte ein. Er war der erste Mensch, der einen bemannten Raketenstart wagte und sein Leben dabei verlor.

Lothar Siebers Grab 1997.

ausreden konnten. Sein Beharren, die NATTER von Hand zu steuern, sollte noch tragische Folgen haben. Einer dumpfen Vorahnung folgend, schrieb er noch am gleichen Abend sein Testament; all sein Hab und Gut vermachte er seiner Verlobten Fräulein Gertrud Nauditt.

Wie wir erst später erfuhren, hatte er sich freiwillig für dieses Unternehmen gemeldet, um sich zu rehabilitieren. Wegen eines Wachvergehens (Alkohol im Dienst) war Lothar vom Leutnant zum einfachen Flieger degradiert worden, später dann zum Gefreiten befördert worden, einem Dienstgrad, den er auch am 1. März 1945 innehatte. Nach seinem Testflug sollte er dann den Dienstgrad eines Oberleutnants erhalten.

Doch Lothar Sieber hatte sich mittlerweile ganz der Raketenfliegerrei verschrieben, nach jedem gelungenen Start war er begeistert und fieberte danach, zu beweisen, daß auch ein Mensch die Maschine beherrschen konnte. Er hatte vollstes Vertrauen zur Arbeit von Erich Bachem und sagte einmal zu ihm: „Ich habe im Laufe dieses Krieges schon riskantere Sachen gemacht. Ich sehe die Erprobung des Gerätes als eine selbstgestellte Aufgabe an, die ich erfüllen möchte, und ich glaube fest an einen Erfolg."

Die M23 wird betankt.

Der 1. März 1945 war ein trüber, nebliger Morgen. Am Vormittag begann sich der Nebel zu lichten und wir begannen damit, die Maschine startklar zu machen. Die Tarnnetze wurden entfernt und die Maschine wurde betankt. Lothar Sieber sprach noch einmal mit Willy Fiedler und Erich Bachem, die ihm noch einmal einige Tips und Ratschläge und alle guten Wünsche für ein gutes Gelingen mit auf den Weg gaben. Dann schritt Lothar Sieber zum Startgerüst, kletterte hinauf und zwängte sich mit einer wahrhaft artistischen Leistung in das enge Cockpit der NATTER BP-20 M23. Die Monteure auf dem Startgerüst halfen ihm beim Anschnallen. Die Kabinenhaube wurde geschlossen.

Gegen 11:00 Uhr ist die M23 startklar, hochnebelartige Bewölkung liegt über dem Ochsenkopf. Die letzten Monteure verlassen den Startplatz.

Mit Leuchtkugeln wird das Startsignal gegeben. Das Walter-Triebwerk wird angelassen, die Startraketen zünden. Es rauscht wie ein Wasserfall, die Startraketen dröhnen, Staub und Dreck fliegt umher. Aus einer starken Rauchwolke, die mittlerweile die ganze Maschine eingehüllt hat, beginnt die NATTER langsam aufzusteigen und verläßt senkrecht die Startlafette. Programmgemäß lösen sich die Startraketen und fallen torkelnd zu Boden. Die Maschine neigt sich und geht in eine leichte Rückenlage. Doch was ist das? Ein dunkler Gegenstand löst sich von der Maschine und fällt sich überschlagend zu Boden. Die Kabinenhaube ist weggeflogen. Die Maschine steigt normal weiter und Lothar Sieber dreht die NATTER mit einer halben Rolle in Normallage. Mit etwa 30° Neigung steigt die NATTER weiter, verschwindet kurzzeitig in einem Wolkenfetzen und taucht wieder auf, um dann in ca. 1500 m Entfernung in den Wolken zu verschwinden. Jetzt ist nur noch das Triebwerk zu hören.

Nach kurzer Zeit sahen wir die NATTER in einigen Kilometern Entfernung senkrecht nach unten aus den Wolken kommen....und mit laufendem Triebwerk zu Boden stürzen!. Der dumpfe Aufschlag war bis zum Ochsenkopf zu hören.

Vorbereitungen zum ersten bemannten Start mit der BP-20 M23, links steht Willy Fiedler.

Erich Bachem (mit Hut) sieht beim Betanken der Maschine interessiert zu. Links vom Startgerüst steht das Versorgungsaggregat, rechts ist das Tankfahrzeug zu sehen.

Die M23 ist startklar. Gut zu erkennen ist an der rechten Tragfläche das Staurohr zur Geschwindigkeitsmessung. Die M23 war die einzige Maschine, die mit dieser Einrichtung gestartet wurde. Zum Testen der Geschwindigkeitsanzeige hatte man einen Ventilator vor dem Staurohr installiert, der vor dem Start wieder demontiert werden mußte.

2
S

Lothar Sieber und Erich Bachem vor der startbereiten M23 im Hintergrund.

Links: Unmittelbar vor dem Start spricht Lothar Sieber ein letztes Mal mit Erich Bachem.

Die Aufnahme soll Lothar Sieber (sitzend) kurz vor dem Start zeigen. Die Aufnahme zeigt jedoch nicht die M23: Der Tarnanstrich und die weiß markierten Tankabdeckungen stimmen nicht überein. Vieleicht handelt es sich hier um eine der vielen »Sitzproben«. Es gibt von diesem Bild auch noch eine retuschierte (geschönte) Version.

Lothar Sieber kurz vor dem Einstieg in die M23.

Der Start ist geglückt!

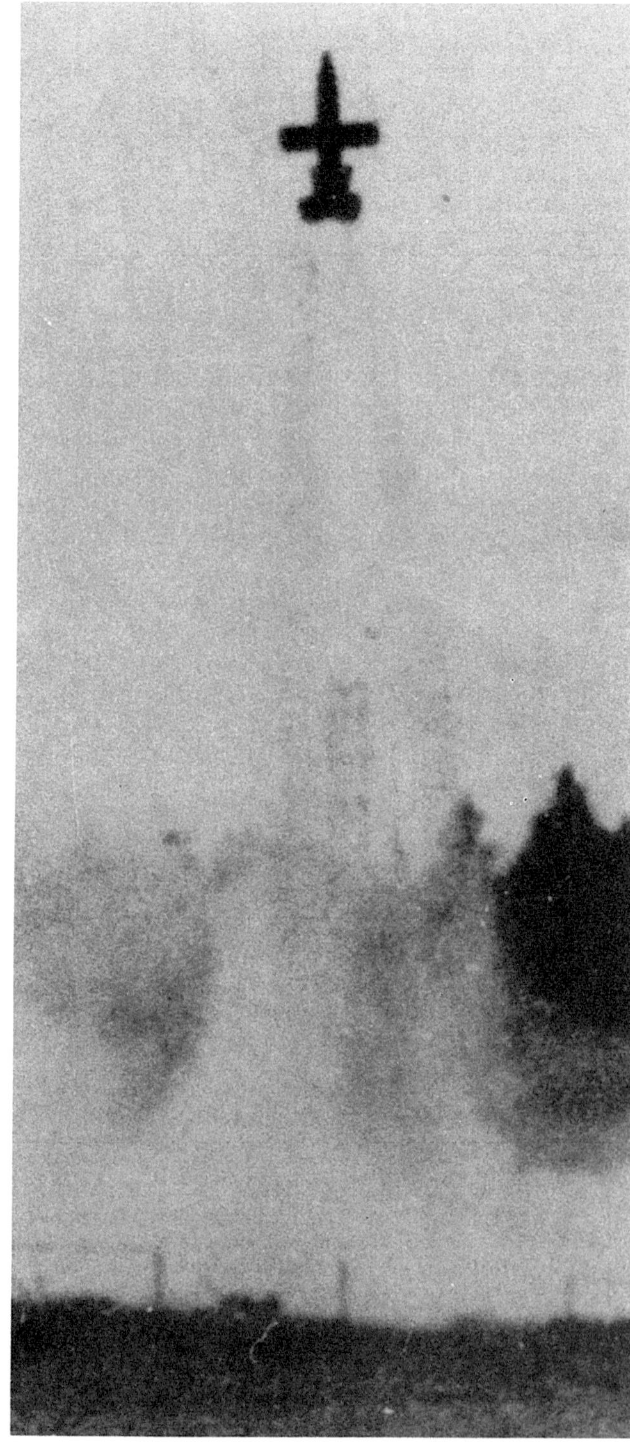

Der Start der M23 aus einer anderen Blickrichtung beobachtet.

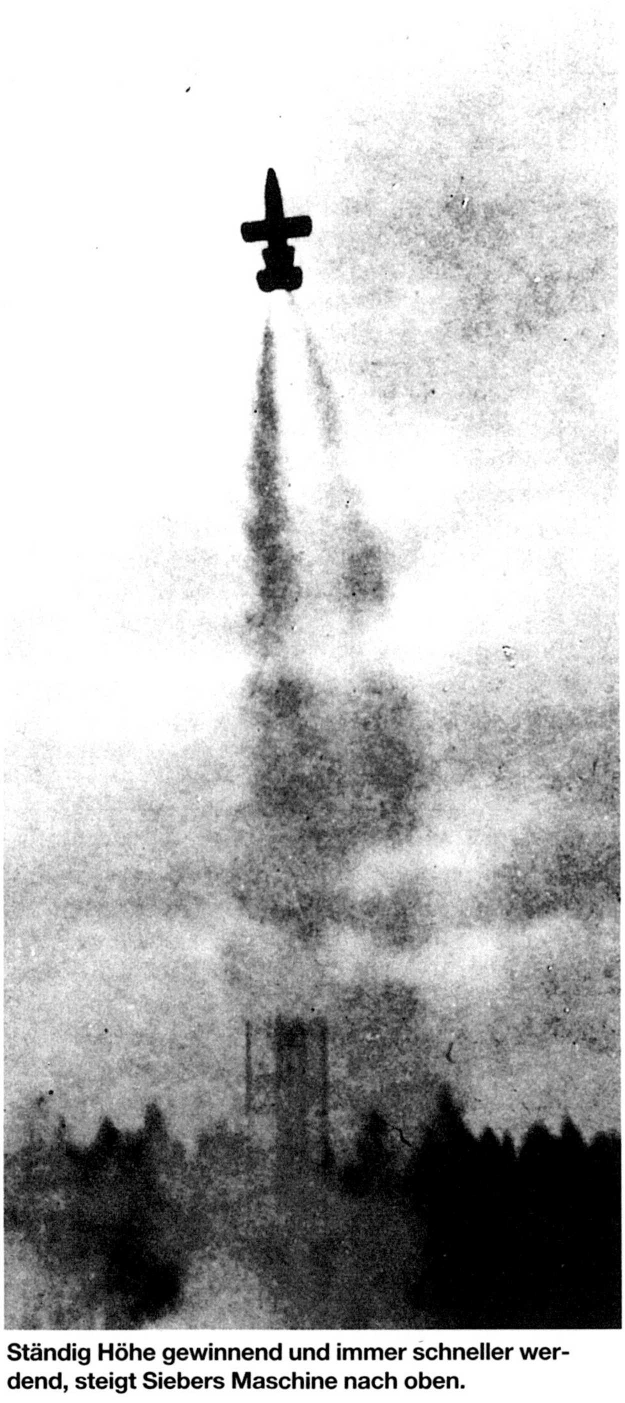

Ständig Höhe gewinnend und immer schneller werdend, steigt Siebers Maschine nach oben.

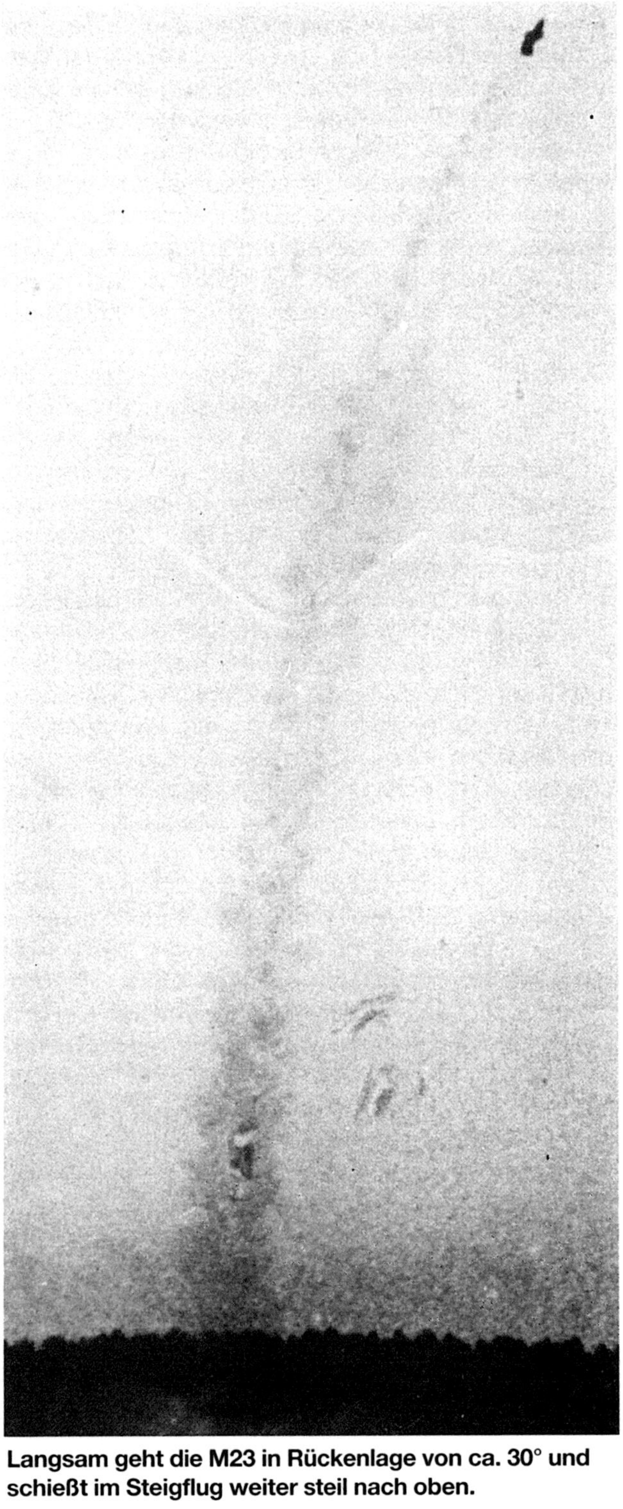

Langsam geht die M23 in Rückenlage von ca. 30° und schießt im Steigflug weiter steil nach oben.

Wir warteten mit bangen Ahnungen und hofften, daß Lothar jeden Moment mit dem Fallschirm aus den Wolken auftauchen würde, doch nichts geschah. Einer meinte, vielleicht ist er ja weit abgetrieben worden und wir haben bei der diesigen Sicht nicht gesehen, wie er runtergekommen ist, und er muß zu Fuß zurücklaufen. So warteten wir über eine Stunde, ohne Erfolg, dann machten wir uns auf den Weg zur Absturzstelle, die sich auf einem Acker des Ortsteils Nusplingen befand. Wir brauchten fast eine Stunde, bis wir die Aufschlagstelle gefunden hatten und standen vor einem ca. 5 m tiefen Krater. Es bot sich uns ein Bild totaler Zerstörung, die man kaum beschreiben kann: In großem Umkreis lagen Trümmerteile herum, die Maschine war völlig zerfetzt und hatte sich in kleinste Teile zerlegt. Von unserem Kameraden fanden wir lediglich die linke Hand mit einem Stück des Unterarms und ein linkes Bein, das unterhalb des Knies abgerissen war.
Ein makabres Erlebnis ist mir unvergeßlich geblieben. Es waren auch einige Offiziere an der Absturzstelle, die Gruppe stand etwas abseits des Geschehens. Einer der Herren hatte seinen Dackel dabei und ließ ihn frei zwischen den Trümmern umherlaufen. Uns gefror fast das Blut in den Adern, als der Dackel einige kleinere Leichenteile aufstöberte und begann, diese aufzufressen. Erregt forderte einer meiner Kameraden den Offizier auf, seinen Hund an die Leine zu nehmen. Dieser drehte sich jedoch lachend um und ging davon. Da verlor der Kamerad die Beherrschung und schlug dem Dackel mit der Schaufel auf den Schädel, was dieser nicht überlebte. Nur mit außerordenlich viel Glück blieb dem Mann ein drohendes Kriegsgerichtsverfahren erspart.
Bei späteren Grabungsarbeiten wurde in dem Trichter noch ein ca. 14 cm langer Schädelknochen entdeckt, der nach eingehender Untersuchung durch Dr. Euler Lothar Sieber zugeordnet wurde.
Alle die wir dabei waren waren geschockt und tief betroffen, immer wieder schluckten wir Angst, Ekel, Wut und Ohnmacht hinunter. Wir legten die aufgefundenen Teile in einen Sarg und gaben Sägemehl und Pflastersteine dazu, dann brachten wir die traurigen Überreste nach Stetten am kalten Markt und bahrten sie dort bis zur Beerdigung auf.
Am 3. März 1945 wurde Lothar Sieber im Beisein seines Vaters und seiner Verlobten mit allen militärischen Ehren beigesetzt. In seiner Grabrede würdigte Hauptmann Berninger die Leistungen von Lothar Sieber und erkannte ihm posthum den Rang eine Oberleutnants zu: »Er war der erste, der bewiesen hatte, daß man mit einer Rakete senkrecht starten kann, diese Pioniertat sollte uns immer in Erinnerung bleiben.«
In einen Brief vom 31. Januar 1979 an die Kommandantur des Truppenübungsplatzes Heuberg schreibt Willy Fiedler, seinerzeit Entwicklungsleiter des Projektes NATTER:
»Während am Startplatz die Monteure die letzten Arbeiten durchführen, jedes Teil der Maschine von Spezialisten nachgeprüft wurde und bevor Sieber in die Maschine kletterte und in ungewohnter Lage - Beine nach oben - angeschnallt wurde, sprach ich noch einmal mit ihm über den Startablauf: »Wenn die Maschine nach dem Start versucht, auf den Rücken zu gehen«,sagte ich zu ihm, »drehen Sie eine halbe Rolle, dann sind Sie im steilen Steigflug und können sich besser orientieren«. Noch ein letzter Händedruck und Sieber nahm seine Position ein.
Noch 10 Sekunden bis X-Zeit, die Uhr läuft ...
10 Sekunden des Wartens, Ewigkeiten für den einsamen Mann im Pilotensitz. Dann der Start. Rauschend läuft das Walter-Raketentriebwerk an, geht auf Vollschub und in die Dampfschwaden, die fast den ganzen Flugkörper einhüllen, schlagen jetzt die zuckenden Blitze der vier Pulver-Startraketen. Für Sieber muß dieser Augenblick, in dem die Maschine aus ihrer Blockierung tritt, eine Erlösung sein. Ich war kurz vor dem Start ein Stück querfeldein gegangen, um die Flugbewegungen besser beobachten zu können. Planmäßig steigt die NATTER fast senkrecht hoch. Wir starren ihr nach. Das Projektil beginnt, sich in seiner Bahn nach hinten zu neigen. Meine Hände bewegen sich unwillkürlich, wie am Steuerknüppel, nach rechts, als könnte ich die Maschine dort oben beeinflussen. Da ... ja, Sieber reagiert richtig, dreht eine halbe Rolle, steigt im steilen Steigflug, immer schneller werdend, durch einen Nebelfetzen. In Sekundenschnelle bildet sich ein Wolkenschleier, welch unerwartete, riesige Erschwerung seines Fluges. »Die Haube ist weggeflogen«, sagt da einer in dem Häuflein Menschen, die gebannt in die Wolkenfetzen starren, aus denen das Rumoren des Raketentriebwerks dröhnt.
30 Sekunden, 40 ... , nach 55 Sekunden sehe ich in der Ferne einen dunklen Punkt nach unten stürzen. Wir hoffen und warten lange. Schließlich gehen wir in Richtung des beobachteten Sturzes und finden nach einigen Kilometern einen tiefen Krater ...

Willy Achim Fiedler

Willy Achim Fiedler wurde am 23. Januar 1908 in Freudenstadt (Bayrischer Wald) geboren. Nach dem Abitur im Jahre 1926 machte er 1928 auf der Röhn seinen C-Schein im Segelflug. 1930 erwarb er in Stuttgart den Flugschein für Motor- und Kunstflug. 1934 schloß er in Stuttgart sein Maschinenbau-Studium als Dipl.-Ing. ab.
Fluglehrer 1937, Flugbaumeister 1938 und Flugkapitän 1942 waren weitere Stationen auf seinem Ausbildungsweg.
Willy Achim Fiedler arbeitete bei den Firmen Ruhrtaler Maschinenfabrik Schwarz und Dyckerhoff in Mühlheim 1934, British Aircraft in Feltham 1936, bei der DLV in Berlin und der EDL in Rechlin 1937, sowie bei den Fieseler Werken 1938 bis 1944. Bei Fieseler avancierte er zum Chefpilot und weiter zum Firmenerprobungsleiter. Unter seiner Leitung erfolgten die Mustererprobungen der Fi- 99, 156, 158, 167, 256, sowie der Lufteinsatz der Fi-103 (V-1) unter der Tragfläche einer Heinkel He-111. Darüberhinaus war er Projektleiter der bemannten V-1 (Fi-103R), dem Projekt »Reichenberg«; wobei er die Fi-103R selbst mehrfach flog.
1945 führte ihn sein Weg wieder zur Firma Bachem, die er seinerzeit mit Erich Bachem zusammen gegründet hatte, und zu dem er als Berater immer Kontakt gepflegt hatte. Nun wechselte er zu den Bachem-Werken und übernahm die Projektleitung der NATTER-Erprobung.
Nach dem Kriege ging er in die USA und wurde dort, wie viele deutsche Wissenschaftler, mit Raketenprojekten betraut. Er hatte maßgeblichen Anteil an der Erprobung von Raketeneinsätzen von U-Booten aus, etwa mit *Poseidon*- und *Polaris*-Raketen. 1974 beendete Willy Achim Fiedler seine aktive Laufbahn bei den *Lockheed Missile and Space* Werken in Sunnyvale.
Es zog ihn immer wieder aus den Vereinigten Staaten in seine Heimat zurück; und jedesmal, wenn er Deutschland besuchte, stattete er dem Truppenübungsplatz Heuberg einen Besuch ab.

Willy Fiedler (vorn) mit Manfred Hensel am NATTER-Gedenkstein, August 1986.

Da über dem sich schließenden Hochnebel in großer Höhe eine geschlossene Wolkendecke lag, könnte es sein, daß Sieber die Orientierung verloren hat und statt nach oben nach unten durchgestoßen ist. Sicher haben sich hinter der festen Windschutzscheibe, nun ohne Haubendach, störende Luftwirbel gebildet. Sollte Sieber aus diesen Gründen zu spät gedrosselt haben, wäre die Maschine im Schallbereich unkontrollierbar geworden.
Niemand weiß es.«

Es gibt noch einen Bericht von Erich Bachem über das Geschehen am 1. März 1945. Dieser Bericht weicht allerdings völlig von den beiden vorherigen ab. Nach Bachem ging die Maschine, nachdem die Haube weggeflogen war, in eine extreme Rückenlage über und stürzte im Sichtbereich ab. Diese Version wurde in leicht geänderter Fassung als offizieller Bericht an das RLM weitergegeben, um den Gönnern und Geldgebern der SS glaubhaft zu machen, daß auf gar keinen Fall das System fehlerhaft war, sondern durch einen mangelhaften Haubenverschluß das Unglück ausgelöst wurde und danach der unmittelbare Absturz erfolgte. Es durfte auf gar keinen Fall der Eindruck entstehen, daß selbst so ein erfahrener Flugzeugführer wie Lothar Sieber nicht in der Lage gewesen war, die NATTER zu beherrschen.
Schließlich sollten ja später einmal kaum ausgebildete »Nichtflieger« die NATTER steuern. Zum anderen gab es genug Neider, die dieses phantastische Projekt zu Fall bringen wollten.
Der von den Willy Fiedler und Karl Mielenhausen zuvor beschriebene Ablauf des Startgeschehens wird auch von einem ebenfalls noch lebenden Zeitzeugen, Werner Kantelhardt, bestätigt (Herr Kantelhardt war seinerzeit als junger Ingenieur bei den Bachem Werken tätig).
Es gibt in der bestehenden Literatur, sofern sie sich überhaupt mit dem Start am 1. März 1945 befaßt, die vielfältigsten Mutmaßungen über die Unglücksursache. Die meisten Autoren behaupten, das Scharnier wäre defekt gewesen und dadurch sei die Haube abgerissen. Dies ist schier unmöglich. Das Haubenscharnier war, in Flugrichtung gesehen, hinten an der Kabinenhaube angebracht, sollte es defekt gewesen sein, so hätte die anliegende Strömung bei ca. 600- 700 km/h ein Öffnen der Haube absolut verhindert! Einige weni-

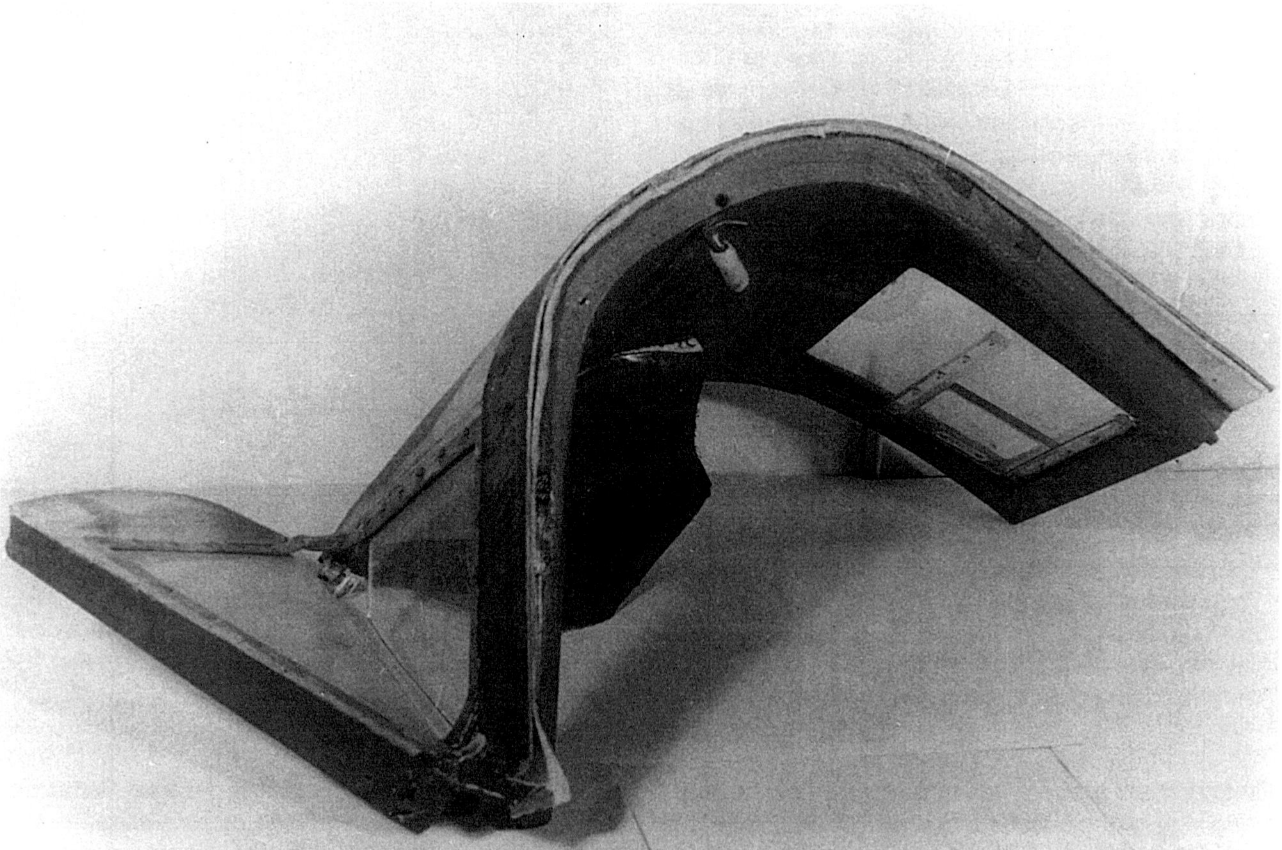

Die durch den Aufprall am Boden verbeulte Haube der M23. Deutlich ist der in Stellung »geöffnet« stehende, unbeschädigte Haubenverschluß zu erkennen.

Die Absturzstelle 1997. Der Krater ist kaum noch zu erkennen, er befindet sich unmittelbar hinter der noch erkennbaren Kante zwischen den Bäumen, die fast einen Kreis bilden.

ge schreiben, schon wahrscheinlicher, der Haubenverschluß, der sich vorn an der Haube befand, sei defekt gewesen und ausgerissen. Dies kann aber ebenfalls nicht stimmen. Wie die Abbildung auf Seite 92 der abgefallenen Kabinenhaube der BP-20 M23 zeigt, ist der Haubenverschluß völlig intakt! Allerdings steht der Verschluß in Stellung **geöffnet**! Bleibt die Frage: Warum hat Lothar Sieber die Kabinenhaube geöffnet? Vielleicht wollte er den Flug abbrechen, aber dies widersprach absolut seinem Naturell, außerdem hätte er dafür das Triebwerk abstellen müßen, was er ja nicht tat. Sollte die Kabinenhaube gar aus Versehen aufgegangen sein? Auch dies dürfte bei dieser Art Verriegelung nur schwer möglich gewesen sein. Von den Versuchen mit der Me-163 weiß man, daß das Walter-Triebwerk dazu neigte, im Steigflug ätzende Dämpfe zu erzeugen, die die ganze Kabine vernebeln konnten. Vielleicht hat sich Lothar Sieber ganz einfach »Luft machen« wollen und warf aus diesem Grunde die Haube ab - man wird es wohl nie erfahren.

Auch wurde behauptet, er habe durch die wegfliegende Haube einen Genickbruch erlitten, da sein Kopf schlagartig nach hinten gerissen worden sei.

Dagegen sprechen mehrere Gründe:

1. In einem gleichförmig beschleunigten Körper gibt es keinen schlagartigen Ruck.
2. Die Nackenstütze, die an der Kabinenhaube befestigt war rollte sich beim Öffnen am Nacken des Piloten ab, durch diese Abrollbewegung konnte man keinen Genickbruch erleiden. Die von Herrn Klöckner seinerzeit beanstandete Stebe, die ihm beim Öffnen der Haube ins Genick geschlagen war, existierte bei der M23 nicht mehr.
3. Nach dem Wegfliegen der Haube wurden von Lothar Sieber noch **richtige** Flugmanöver ausgeführt.

Vieles spricht dafür, daß Lothar Sieber ganz einfach die Orientierung in den Wolken verlor, wie es Zeitzeuge Fiedler ja bereits andeutete. Für den Orientierungsverlust sprechen fogende Fakten:

1. Die BP-20 M23 besaß keine Blindfluginstrumente.

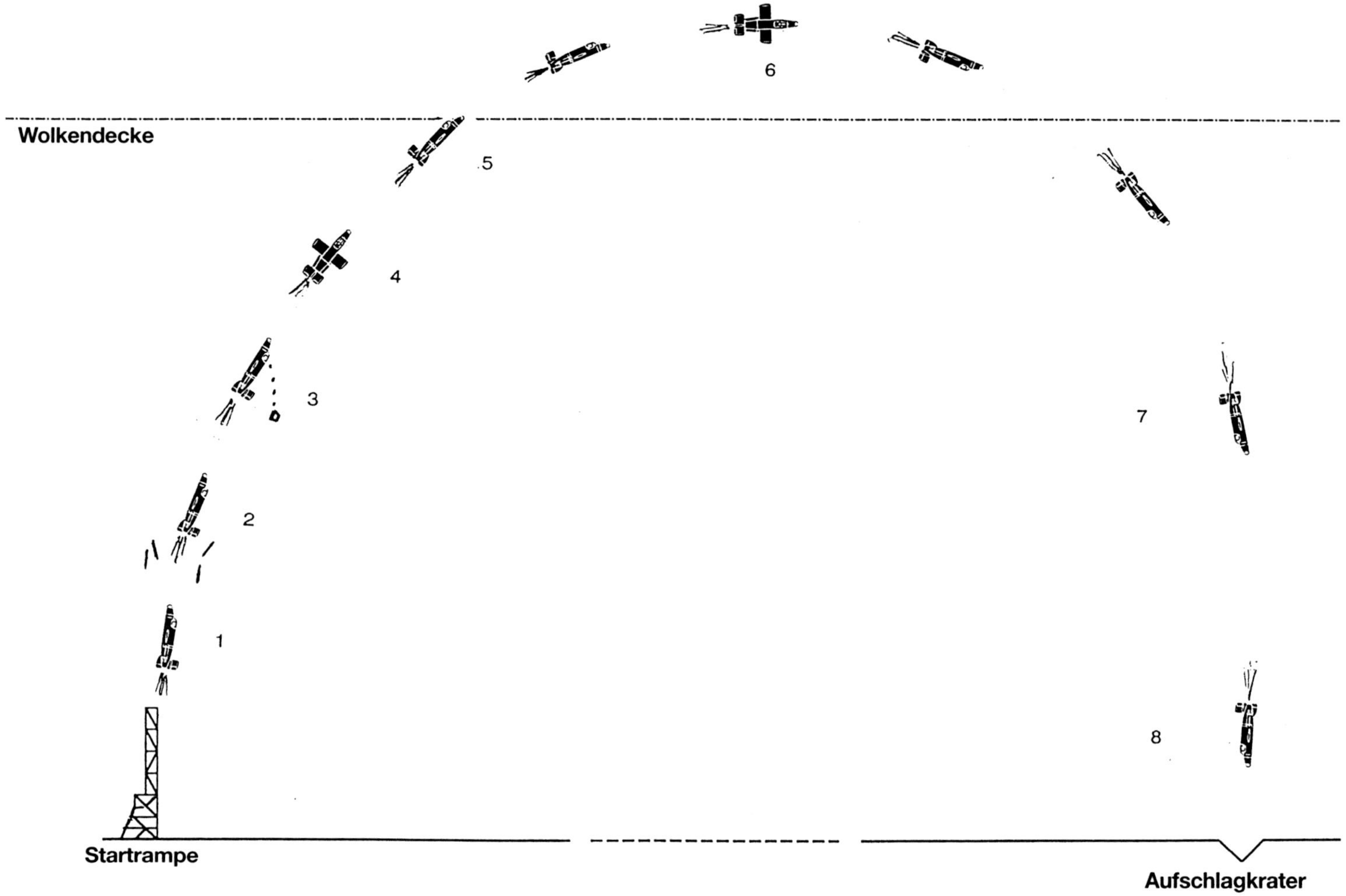

Hypothetischer Flugverlauf der M23:
1. Erfolgreicher Start, 2. planmäßig fallen die Startraketen ab, 3. die Kabinenhaube fällt ab, 4. Lothar Sieber dreht die Maschine mit einer halben Rolle in Normallage, 5. die M23 steigt im steilen Steigflug und verschwindet in den Wolken, 6. unbemerkt von Lothar Sieber dreht sich die M23 wieder in Rückenlage, der Geschwindigkeitsanstieg wird von Lothar Sieber, der keine Blindfluginstrumente an Bord hat und sich über seine Lage im Raum kein Bild machen kann, falsch ausgelegt, durch Ziehen am Knüppel neigt sich die M23 immer weiter nach unten, statt zu steigen, 7. mit hoher Geschwindigkeit stößt die Maschine nach unten aus den Wolken, 8. die M23 hat ihre Höchstgeschwindigkeit überschritten und rast nun unkontrollierbar auf den Boden zu und zerschellt mit ungeheurer Wucht.

2. Die Automatiksteuerung war nicht aktiv, und so reichte ein winziger Ausschlag am Steuerknüppel, um die Maschine in den Wolken, unbemerkt von Sieber, in Rückenlage zu bringen. Der nun folgende Geschwindigkeitsanstieg könnte von Sieber, als »ich fliege zu flach« gedeutet worden sein. Durch ein Ziehen am Steuerknüppel wollte er steigen und erreichte genau das Gegenteil. Durch den Sturz nach unten stieg die Geschwindigkeit rasend schnell an und die Maschine war nicht mehr kontrollierbar, der Absturz wurde nun unvermeidlich.
Offensichtlich erkannte Lothar Sieber kurz vor dem Aufschlag am Boden, daß er auf den Boden zuraste. Er versuchte, sich aus der Maschine zu befreien. Er bekam noch den linken Arm und das linke Bein aus der Kabine, als die Maschine am Boden aufschlug und beide Gliedmaßen abtrennte. Der Rumpf bohrte sich in den Boden, die abgetrennten Gliedmaßen fand man, wie zuvor geschildert, neben dem Aufschlagkrater.
Der ebenfalls noch lebende Zeitzeuge Hans Zacher* mutmaßte sogar, Lothar Sieber könnte der erste Mensch gewesen sein, der - allerdings unfreiwillig - die Schallmauer durchbrochen habe. Bei seinem Absturz

habe es mehrere *Donnerschläge* kurz vor dem Aufschlag gegeben.
Daß die Maschine mit einer ungeheuren Wucht aufgeschlagen ist, zeigt der hohe Zerstörungsgrad und der für eine aus Holz gefertigte Maschine extrem tiefe Aufschlagkrater.
Nun läßt sich mutmaßen, daß Lothar Sieber das Unglück hätte vermeiden können, sofern er sich der Automatik anvertraut hätte. Wie die Versuche mit den Puppen gezeigt hatten, funktionierte diese ja recht verläßlich.
Nach den vorliegenden Unterlagen und den Aussagen der beteiligeten Zeitzeugen fand kein zweiter bemannter Steilstart statt. Das SS-Führungshauptamt kommandierte noch einen zweiten Freiwilligen namens Matuschka, der nach Sieber einen Steilstart durchführen sollte, zum Heuberg ab. Dieser wohnte einem erfolgreichen, unbemannten Start einer NATTER bei, aber das Gesehene hatte ihn so stark negativ beeindruckt, daß er schon am nächsten Tag wieder verschwand.
Der Flug von Lothar Sieber hatte ganze 55 Sekunden gedauert. Die dabei zurückgelegte Flugstrecke betrug 6730 m und führte von der Startlafette in eine Richtung von 155°55´. Die dabei erreichte Durchschnittgeschwindigkeit dürfte dabei etwa 785 km/h betragen haben. Dies würde bedeuten, daß die Geschwindigkeit zum Ende des Fluges bei weit über 1 000 km/h gelegen haben müßte. Grundlage der Berechnungen sind die Vermessung des Flugweges am 1. März 1997 am Heuberg und an der Absturzstelle. Anwesend bei der Vermessung waren Karl Mielenhausen, Manfred Hensel und der Verfasser. Zugrunde gelegt wurden die Beobachtungen der Augenzeugen, daß die Maschine in einem Steigwinkel von etwa 30° in einer Höhe von 1 500 m in den Wolken verschwand, und die gestoppte Flugzeit von 55 Sekunden.
Zum Abschluß der Berichterstattung über die Steilstarterprobungen am Heuberg sei noch erwähnt, daß dieser von den Alliierten nie als Versuchsstätte erkannt wurde und es keine ernsthaften Luftangriffe auf das Gelände am Heuberg gab.

* Herr Zacher war der Erprobungsleiter für die Seilstartversuche am Heuberg.

Postkarte zum 70. Jubiläum des Truppenübungsplatzes Heuberg im Jahre 1980, herausgegeben von Manfred Hensel. In der Mitte der Karte ist Lothar Sieber abgebildet, wie er am 1. März 1945 in die Mustermaschine M23 klettert.

Waffenerprobung

Für die NATTER wurden verschiedene Bewaffnungen in Betrtacht gezogen (siehe auch S. 17). Zunächst war an zwei *Maschinenkanonen MK 108* mit je 30 Schuß gedacht. Die *MK 108* war von der Firma Rheinmetall Borsig im Jahre 1942 entwickelt worden und diente als Standardbewaffnung für die Jagdflugzeuge Me-109, nungsgewicht von maximal 150 kg. Aus all diesen Gründen wurde die *MK 108* sehr bald »zu den Akten gelegt« und man suchte nach geeigneteren Alternativen.

Da war zunächst das *Sondergerät SG 119*, eine Rohrbatterie mit insgesamt 32 Läufen der *MK 108* und somit 32schüssig (ursprünglich waren 48 Verschußrohre geplant). Diese Entwicklung von Rheinmetall Borsig wurde nun in den Rumpfbug der NATTER BP-20 M4

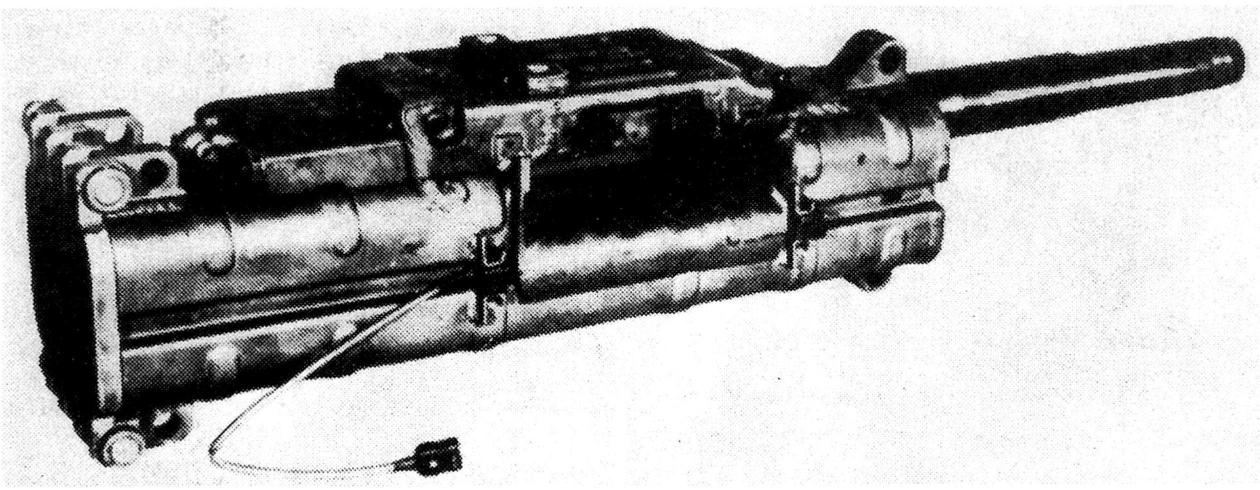

3-cm-Maschinenkanone MK 108, im Landserjargon »Preßlufthammer« genannt.

FW-190 usw. Die Zündung erfolgte elektropneumatisch; Kaliber 3 cm, Geschoßgewicht 330 g, Patronengewicht 480 g. Diese Standard-Waffe stand sofort zur Verfügung, hatte allerdings einige große Nachteile. So wäre die mit großem Fertigungsaufwand hergestellte Maschinenkanone nach jedem NATTER-Einsatz verlorengegangen, da ja der Bugteil als Verlustgerät ausgelegt war. Dennoch wurde diese Bewaffnung in einem abgesperrten Bereich des Flugplatzes Reichenbach bei Bad Schussenried am 10. und 15. November 1944 erprobt. Es wurden insgesamt 90 Schuß abgegeben, ohne daß Störungen auftraten. Die mögliche Einsatzentfernung von nur 100 m war jedoch zu gering für eine so schnelle Maschine wie die NATTER. Außerdem waren vier *MK-108*-Treffer notwendig, um einen Bomber zum Absturz zu bringen. Desweiteren lag das Gewicht mit ca. 180 kg über dem angestrebten Bewaff-

Links: Wabenförmige Verschußanlage für 24 R4M-Raketengeschosse.

eingebaut und in statischen Schießversuchen am Boden erprobt. Die ersten Versuche mit der Rohrbatterie fanden in einem abgetrennten Bereich des Truppenübungsplatzes Heuberg vom 23. bis 27. Januar 1945 statt. Die Erprobungsergebnisse zeigten jedoch, daß auch diese Waffe nicht zum Einbau in die NATTER geeignet war. Als Hauptgründe dagegen erwiesen sich ein ebenfalls zu hoher Fertigungsaufwand, ein zu hohes Bewaffnungsgewicht von 210 kg, die geringe Einsatzentfernung und die sehr hohen Rückstoßkräfte.

Trotz der anfänglich beschriebenen Negativeinstellung zur *Maschinenkanone MK 108*, kam sie doch noch in einer weiteren Variante zu Ehren. Man setzte 2 x 2 *MK 108* als Zwillingsbewaffnung mit je sechs Schuß zusammen. In dieser Kombination fanden ebenfalls Schießversuche zwischen dem 23. bis 27. Januar 1945 auf dem Heuberg statt.

Ein auf dem Flugplatz Reichenbach stationierter Soldat berichtete, daß Ende 1944 eine »geheime Waffe« angeliefert wurde, die kurzzeitig dort zwischengelagert

Die Rohrbattertie 108, das Sondergerät SG 119.

werden sollte: Eines Tages erschienen einige PKW und ein »Kullemaier« (Tiefladeranhänger mit mehrachsigem Fahrwerk zum Transport von Eisenbahnwaggons) mit einem offenem Eisenbahnwagen. Auf dem Wagen saßen an die zehn SS-Männer mit Maschinenpistolen, die aber nicht verhindern konnten, daß ein Gegenstand unter einer großen Plane hervorlugte. Dieser Gegenstand wurde dann bis zum nächsten Tag in einer Baracke gelagert. Es gelang dem erwähnten Augenzeugen, heimlich einen Blick unter die Plane zu werfen: Er erblickte ein größeres Holzgerüst, das einem Flugzeugrumpf ähnelte; im Rumpfbug entdeckte er eine Kombination aus vier *MK 108*, die er von der Me-109 her kannte. Am nächsten Morgen wurde die »Waffe« von der SS wieder abtransportiert. Vermutlich handelte es sich hier um den Versuchsrumpf für die Schießversuche auf dem Heuberg.

Am erfolgversprechendsten jedoch erwies sich die wabenförmige Bewaffnung mit 24 *R4M »Orkan«* Fliegerbordraketen. 1944 hatte die Luftwaffe gute Erfolge mit der Fliegerbordrakete (oder Luft-Luft-Rakete) erzielt,

Vorbereitung zu den Schießversuchen am Heuberg vom 23. bis 27. Januar 1945 mit der Rohrbatterie 108.

die von schnell fliegenden Maschinen, wie dem Turbinenjäger Me-262 und dem Raketenjäger Me-163, eingesetzt worden war. Die Raketen konnten aus einfachen Holzrosten verschossen werden, warum sollte man es nicht einmal damit versuchen? So wurden wabenförmige Abschußrohre konstruiert und in die Bugsektion der NATTER BP-20 M5 eingebaut. Zunächst versuchte man es mit 28 *R4M*-Raketen in Wabenanordnung, später sollte die Anzahl auf 48 erhöht werden. Um die Rückstoßkräfte beim Abschuß zu verringen, wurden die Raketen mit einer Verzögerung von je 70 Millisekunden gezündet (*Schlangenschaltung*), dadurch trat keine übermäßige Belastung der Zelle auf. Anfang 1945 stellte die Luftwaffe 400 *R4M*-Raketen für Versuche zur Verfügung. Bei einem ersten Test wurde der NATTER-Bugkonus durch den Rückstau der Raketenabgase zerstört. Daraufhin entwickelten die Bachem-Werke verschiedene Möglichkeiten, um die Raketenabgase abzuleiten. Für einen weiteren Versuch ließ man einfach Teile der Bugverkleidung weg. Später fanden die Techniker eine andere Lösung, sie reduzierten die Anzahl der Wabenrohre auf 24 Stück. Unmittelbar bevor die Raketen gezündet wurden, wurdenTeile der NATTER-Seitenverkleidungen abgesprengt. Die Abbildung auf Seite 101 zeigt die heller gehaltene Abdeckung deutlich. In dieser Form wurde die Bewaffnung schließlich in die noch gefertigten Einsatzmaschinen eingebaut.

Für die Schießversuche am Heuberg wurde ein Teil der Bugverkleidung entfernt, um die Raketenabgase besser ableiten zu können. Für die Versuche wurde der Rumpf der PB-20 M4 verwendet.

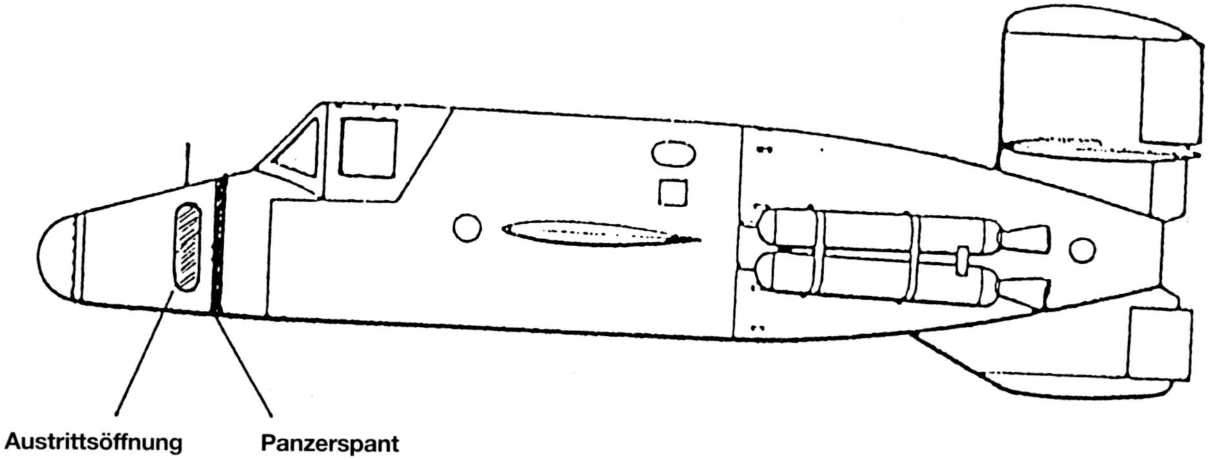

Geplante Ausführung der Abgasleitung

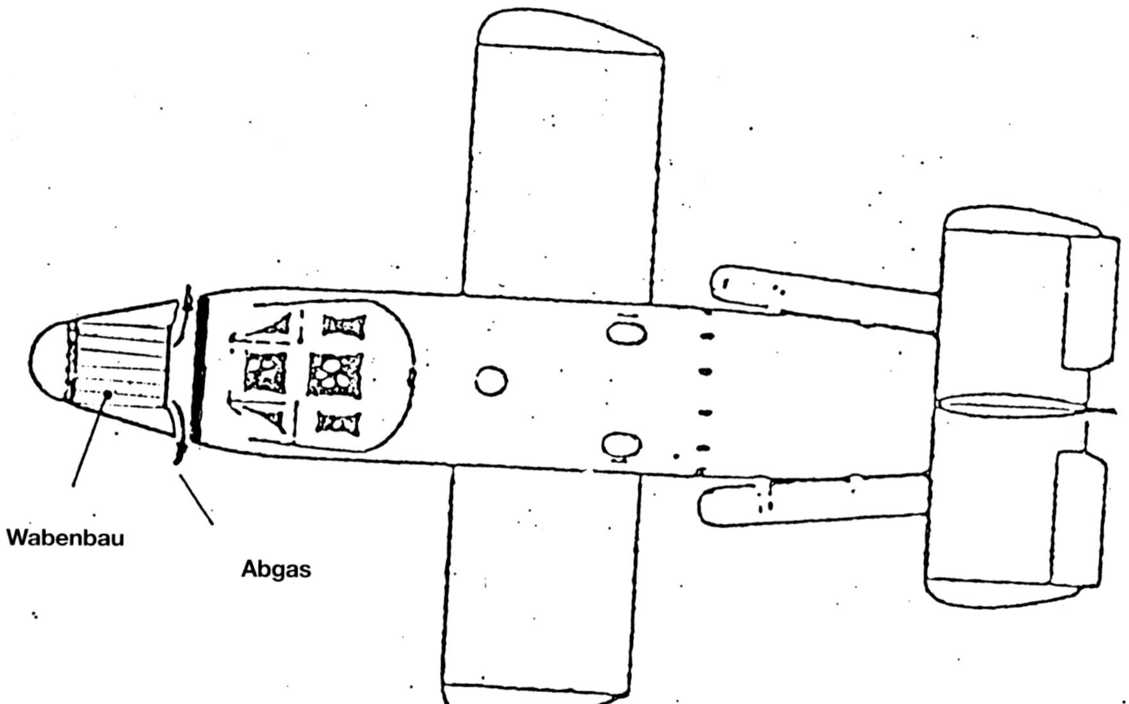

Draufsicht der Abgasableitung

Geplante Ausführung für die Ableitung der Raketenabgase.

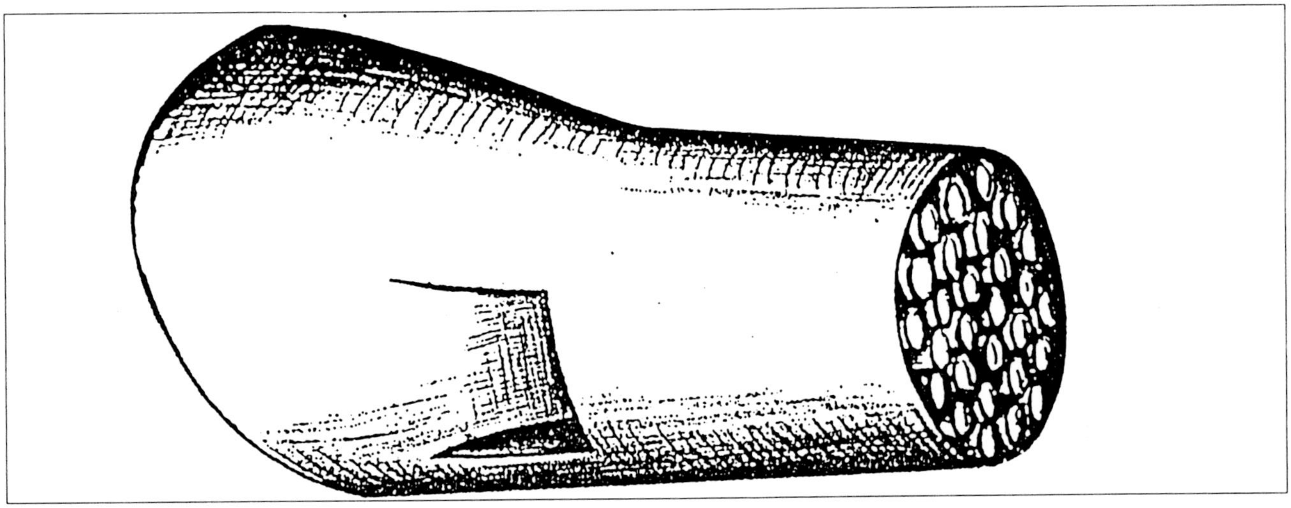

Skizze einer weiteren geplanten Variante zur Abgasableitung.

Eingebaute Wabenbewaffnug für 24 R4M-Raketengeschosse im Rumpfbug einer Einsatzmaschine. Gut zu erkennen ist die etwas hellere absprengbare Abdeckung für die Öffnung zur Ableitung der Raketenabgase.

Die Vorteile dieser Bewaffnung lagen in ihrem geringen Gewicht von nur ca. 120 kg sowie in der mittleren Einsatzentfernung von 500 m. Die Gesamtverschußzeit der 24 Geschosse lag bei 0,8 bis 1,0 Sekunden. Ein Treffer reichte aus, um einen Bomber zum Absturz zu bringen. Als Zieleinrichtung diente eine einfache Anordnung von »Kimme und Korn«. Das Heck der zur Verwendung kommenden *R4M*-Raketen (siehe Abbildung S. 17) wurden mit Pappring geliefert, der von einem Draht gehalten wurde. Der Pappring hielt die acht fächerartigen Leitwerke der Rakete zusammen. Beim Verlassen der Wabenröhre wurde der Pappring abgestreift und die Leitwerke klappten auf. Nach 0,4 m Flugweg hatte die Rakete eine Geschwindigkeit von 22 m/s (792 km/h), nach 2,1 m war die Geschwindigkeit bereits auf 34 m/s (1224 km/h) angestiegen. Auf eine Entfernung von 300 m lag die Trefferfläche / Streuung bei 2,9 m mal 4,4 m für ein einzelnes Geschoß. Somit konnte man davon ausgehen, daß ein »Schrotschuß« mit 24 Raketen auf 500 m Entfernung mit Sicherheit einen Bomber »vom Himmel holen« würde. Die Ingenieure und Waffentechniker nahmen folglich an, mit den *R4M*-Raketen die ideale Bewaffnung für die NATTER gefunden zu haben.

Die von der Firma Eberspächer in Esslingen hergestellte 48-schüssige Wabenbewaffnung der NATTER.

Als weitere Variante wurde die ebenfalls aus einem wabenförmigen Verschußgerät abgefeuerte Rakete *RZ 73 »Föhn«* erprobt (Abbildung siehe S. 17). Das Waffengewicht lag bei 180 kg. Wegen ungenügender Treffergenauigkeit und des geringen Sprengstoffanteils pro Geschoß wurde diese Waffe jedoch abgelehnt.

Um die Beschußversuche mit den *R4M*- und den *RZ 73*-Raketen durchführen zu können, erhielt die Esslinger Firma Eberspächer am 15. November 1944 einen Fertigungsauftrag für eine entsprechende Bugsektion mit Liefertermin 23. November.

Die ersten Schießversuche fanden im Dezember 1944 in Bad Schussenried (Flugplatz Reichenbach) statt, spätere Schießtests wurden auf den Truppenübungsplatz Heuberg verlegt.

Nach verschiedenen Berichten wurden auf dem Gelände der Erprobungsstelle Tarnewitz Versuche mit der NATTER-Bewaffnung geflogen. Hierzu wurde ein NATTER-Bug an eine zweimotorige Messerschmitt Me-110 montiert, die im Flug Schießversuche mit der *Maschinenkanone MK108* als Zwillingsbewaffnung und mit der *R4M*-Bienenwabe ausführte. Die Versuche konnten jedoch bis zum Kriegsende nicht mehr vollständig ausgewertet und zu Ende geführt werden. Vielleicht weiß ein Leser Näheres darüber?

Ersteinsatz – Das Unternehmen »Krokus«

Das SS-Führungshauptamt drängte angesichts der Kriegslage auf einen schnellstmöglichen Einsatz der NATTER (genauer gesagt war es die »Raketengruppe« unter Obergruppenführer und General der Waffen-SS Dr. Hans Kammler, dem das Projekt unterstellt war). Die Bachem-Mannschaft und die ihr unterstellten Kräfte arbeiteten fieberhaft daran, die Voraussetzungen hierfür zu schaffen. Die Ausbildung der Piloten sollte kurzfristig erfolgen.

Um die Sache voranzutreiben, wurde das überwiegend aus technischen Offizieren bestehende *SS-Sonderkommando 600 N* (*Waldsee*) unter SS-Obersturmführer Gerhard Schaller als Sonderbeauftragtem aufgestellt.

Schon bald hatte die Mannschaft in Anlehnung an das bestehende Jägerleitverfahren ein Einsatzkonzept erarbeitet. Feindliche Verbände sollten mittels eines Radargerätes vom Typ »Würzburg« erfaßt werden, das die Daten an ein Leitstrahlradar »Hawaii II« weitergab.

Vom »Würzburg«-Gerät sollten die - in den Einflugschneisen der Bomberverbände wartenden - NATTER-Einsatzstaffeln ständig Daten erhalten. Kam ein Bomberverband in die Nähe der Abschußrampen, so wurden diese vom Bedienpersonal ausgerichtet und die Piloten stiegen zur Sitzbereitschaft in die Maschinen. Beim Herannahen der Bomberpulks verließen dann auf das Kommando »Achtung Eins« die Bedienungsmannschaften

Funkmeßstellung mit zwei »Würzburg D«- und einem »Freya«-Radargerät.

Ein »Würzburg Riese« in Werneuchen.

die Startrampen. Mit dem Kommando »Achtung Start« zündeten die NATTER-Piloten die Raketentriebwerke, während sie sich am Haltegriff des Cockpits festhielten. Die Maschinen starteten und wurden von der Automatiksteuerung auf dem eingegebenen Kurs, den das Leitradar ständig aktualisierte, an die Bomber herangeführt. Hatten die Piloten die Bomber in Sicht, so steuerten sie ihre NATTER manuell in Schußposition, feuerten ihre Raketen ab und setzten sich im Sturzflug vom Bomberverband ab. Durch die überlegene Geschwindigkeit der NATTER war die Gefährdung durch feindliche Jäger äußerst gering.
Nun fing der NATTER-Pilot seine Maschine, möglichst in der Nähe der Startrampen, in etwa 2000 m Höhe ab; sprengte das Bugteil ab und sprang mit dem Fallschirm ab, während die NATTER ebenfalls am Fallschirm niedersank.

So weit die Theorie.
Der Ersteinsatz mit zehn Maschinen, der die Wirksamkeit der NATTER beweisen sollte, war für den 20. März 1945 im Raum Stuttgart geplant. Da das Unternehmen im März stattfinden sollte und in diesem Monat bekanntlich die Krokusse blühen, taufte man die Aktion kurzerhand Unternehmen »Krokus« oder schlicht »K-Aktion«.
Noch vor der Krokusblüte, im Februar 1945, wurde das *Ausbildungskommando »N«* unter Leitung von Major Gartenfeld aufgestellt. Auf dem Flugplatz Reichenbach bei Bad Schussenried schulte es Freiwillige im Fallschirmsprung aus üblichen Flugzeugtypen der Luftwaffe. Die Gruppe bestand wahrscheinlich nur aus acht bis zehn Piloten und ihren Ausbildern.
Da alle zukünftigen NATTER-Piloten altgediente und ausgebildete Flugzeugführer waren, die sich mehr oder weniger freiwillig zu diesem Unternehmen gemeldet hatten (teils, um einem drohenden Infantrieeinsatz zu entgehen), brauchten keine Zielanflüge geübt zu werden (ursprünglich sollten ja flugunerfahrene Soldaten nach einer Kurzschulung in sogenannten Schul-NATTERn fliegen).
Arado 234-Pilot Diether Lukesch* hatte von Erich Klöckner, der die ersten Tragschleppversuche in Neuburg durchgeführt hatte und im Februar 1945 nach Alt-Lönnewitz versetzt worden war (siehe S. 41), von der NATTER erfahren und sich als Einsatzpilot gemeldet. Aber lassen wir ihn mit eigenen Worten berichten:

»Kurz vor unserem Aufbruch von Alt-Lönnewitz (wahrscheinlich am 26. April 1945) hatte ich erfahren, daß der für den Einsatz der NATTER zuständige Offizier (gemeint ist offenbar Major Gartenfeld), am Ammersee seinen Sitz hätte. Da der weitere Flugbetrieb mit Hilfe von Flugplätzen kaum noch möglich war, wollte ich versuchen, auf diesen Raketenjäger NATTER umzusteigen. Der Offizier bedankte sich für unsere Hilfsbereitschaft, mußte uns aber mitteilen, daß der Herstellerbetrieb vor wenigen Tagen den Alliierten in die Hände gefallen sei. Somit war auch dieser Versuch gescheitert.«
Im Bachem-Werk wurden Anfang März 1945 die ersten Einsatzmaschinen für das Unternehmen »Krokus« produziert.

---

* Hauptmann Lukesch war Staffelkapitän der I. Staffel des KG 76, die Einsätze mit dem ersten Turbinenbomber und -aufklärer Arado Ar-234 »Hecht« flog.

Das Leitstrahlradar »Hawai II« mit Empfangsradarspiegel »Hörnchen«.

Am 28. Februar 1945 heißt es in einer Mitteilung an die *Kraftfahrtechnische Lehranstalt (KTL)* der Waffen-SS: »Abholung von 120 Starthilfen SG 34 bei der Firma Schmiddingwerke in Tetschen-Bodenbach für Krokus-Einsatz.

Die von uns bei der Firma Schmidding in Tetschen-Bodenbach bestellten 120 Starthilfen sind nach Rücksprache mit Herrn Bernd termingemäß am 22. Februar 1945 fertiggestellt worden.

Wir haben am 16. Februar 1945 einen LKW der KTL Wien nach Tetschen-Bodenbach in Marsch gesetzt, um diese Geräte heranzuschaffen. Weder über den Verbleib des Wagens noch über die Starthilfen haben wir seither etwas in Erfahrung bringen können, da Leitungen nach Wien und nach Bodenbach dauernd gestört sind.

Da wir für den vom Reichsführer befohlenen Krokus-Einsatz, der eine erste Fronterprobung des Gerätes »N« darstellt (gemeint ist die NATTER), die oben aufgeführten Geräte dringend benötigen und wir den vom Reichsführer befohlenen Einsatztermin unbedingt einzuhalten haben, sind wir gezwungen, die bei der Firma Schmidding hergestellten Geräte schnellstens nach hier zu bekommen.

Wir bitten daher die KTL-Wien, umgehend zwei 5 Tonner nach Tetschen-Bodenbach in Marsch zu setzen, damit die Geräte sofort nach hier gebracht werden. Wir bitten, die Fahrer anzuweisen, daß sie sich bei der Firma Schmidding bei Obering. Herber bzw. Junker Hilmer zu melden haben. Sollten die Fahrer unterwegs durch irgendwelche Zwischenfälle liegen bleiben bzw.

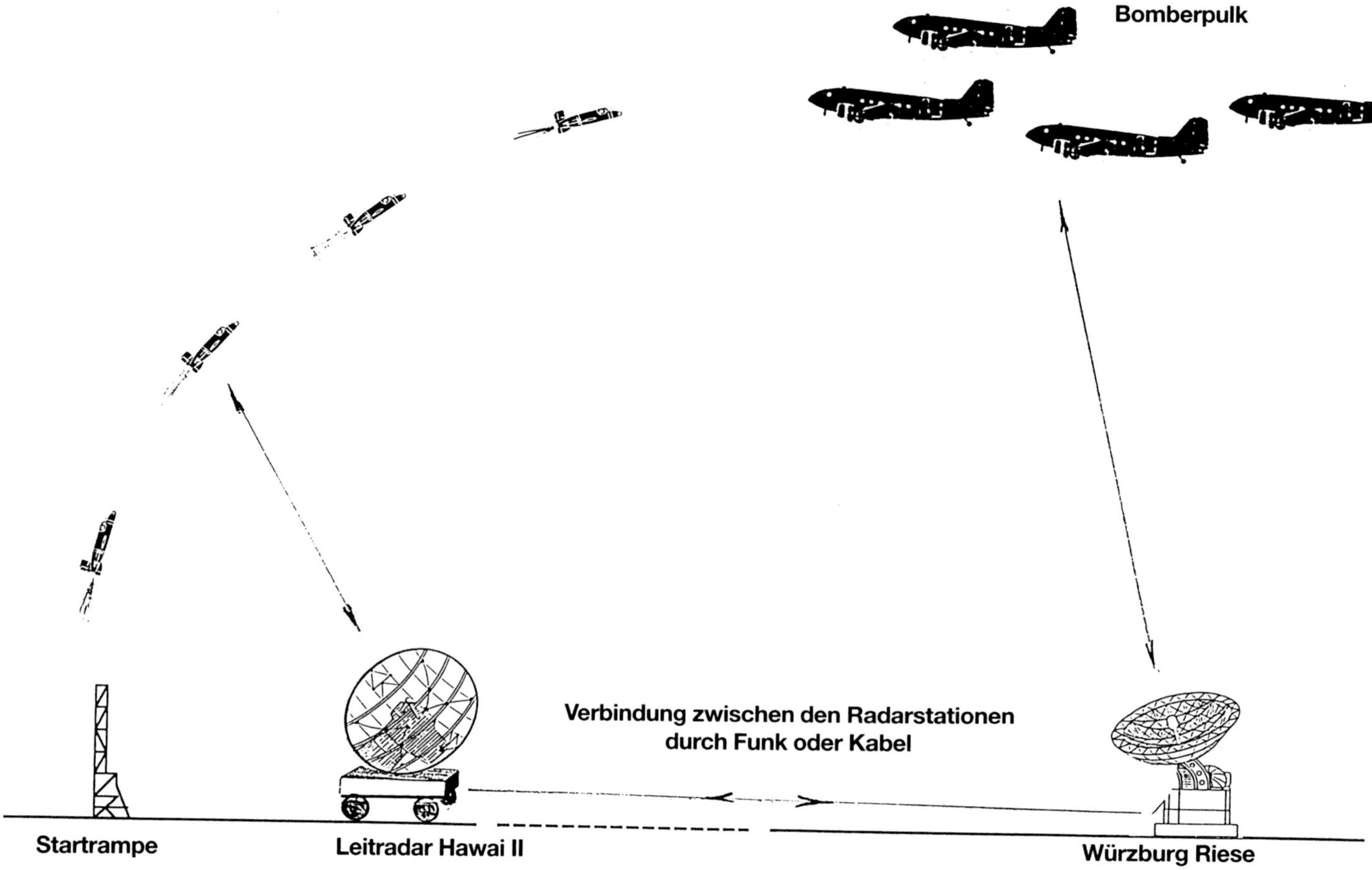

Das Leitstrahlverfahren zur Heranführung der NATTER an einen Bomberverband.

an der Weiterfahrt behindert sein, so bitten wir die Fahrer anzuweisen, daß sie uns durch Fernschreiben, Fernsprecher und Telegramm auf dem laufenden halten.«
Wie man dem Schreiben unschwer entnehmen kann, gab es große Probleme bei der Beschaffung von Material und Teilen von Zulieferfirmen für das Unternehmen »Krokus«. Doch dies waren nicht die einzigen Probleme, die kurz vor Kriegsende immer deutlicher spürbar wurden. So heißt es im Wochenbericht vom 1. März 1945:
»Auf Grund der inzwischen erfolgten Anweisung und nach heute erfolgter Rücksprache zwischen Herrn Bachem und Herrn Dr. Rohrer vom Arbeitsamt Ravensburg werden nunmehr zum Bachem Werk 39 Facharbeiter abgestellt, davon je 1/3 per 05.03., 06.03. und 07.03.1945.
Damit sind die Arbeitskräfte für die K-Aktion um 4 Wochen zu spät eingesetzt. Wir werden versuchen, den entstandenen Stundenausfall durch erhöhten Einsatz des Personals auszugleichen, so daß die Fertigungstermine voraussichtlich nicht gefährdet werden. Zur Anfuhr von in Kassel und Nordhausen liegendem Material für die K-Aktion wurde von Herrn Schaller in Leutkirch aus Mangel an geeigneten Fahrzeugen für diese Fahrt ein 7,5 to Generator-Kfz beschlagnahmt. Infolge Weigerung des zuständigen Fahrbereitschaftsleiters, den Wagen freizugeben, konnte das Fahrzeug noch nicht in Marsch gesetzt werden.
Einrichtung eines Fernschreibers für BWW (Bachem Werke Waldsee) für den Einsatz der K-Maschinen ist notwendig.
In einer Besprechung mit Oberleutnant Stinshoff vom Arbeitsstab Dornberger wurde die Ausführungsform der automatischen Steuerung so weit als möglich festgelegt. Untersuchungen von Professor Schenk ergaben bis jetzt eine optimale Reichweite von 50 km.

Die erste A1 Maschine befindet sich in Montage.
4 weitere Maschinen der A1-Serie (K-Aktion) wurden aufgelegt.

Anlauf der Bodenorganisation:

1. Zwecks Besprechung der Einsatzfragen für die K-Aktion, ist ein umgehender Besuch von maßgeblichen Vertretern der Flak, Herr Özolbe und Herrn Harras, in Waldsee erwünscht.
2. Für K-Einsatz muß Esslingen (gemeint ist die Maschinenfabrik Esslingen) bekanntgegeben werden, wo der Einsatzort der einzelnen Lafetten liegt.
3. Analog dazu, wo die K-Maschinen eingesetzt werden.
4. Für den K-Einsatz muß zur Einweisung ein technischer Offizier nach Waldsee kommandiert werden.
5. Mit dem eigenen Fuhrpark ist der Transport der Einsatzmaschinen nicht durchführbar. Wir bitten um entsprechende Anweisung bzw. Zuteilung von Fahrzeugen und Treibstoff.«

Wie aus dem Bericht hervorgeht, waren Anfang März 1945 fünf Maschinen für das Unternehmen »Krokus« in Waldsee in der Fertigung. Parallel wurden bei der Firma Wolf Hirth in Nabern weitere zehn Maschinen in Auftrag gegeben.
Die Maschinenfabrik Esslingen sollte für die ersten Einsatzstellungen die Startlafetten liefern. Anfang Februar 1945 waren zehn Startlafetten mit Liefertermin 20. Februar 1945 bestellt worden.
Im Terminplan der Firma Bachem vom 7. März 1945 sind 15 Maschinen (M51-M65) mit Fertigungsterminen 23. 3. 1945 - 20. 4. 1945 für die »K«-Aktion aufgeführt. Zwischen Aichelberg und Holzmaden, in der Nähe der Autobahn Stuttgart-München, sollen angeblich die zehn Startlafetten aufgestellt worden sein. Ende Februar/Anfang März 1945 war dort jedenfalls ein Bautrupp der Organisation Todt im Einsatz, um Betonfundamente zu errichten.
Die Behauptung, zehn Startrampen seien der Nähe des Segelflugplatzgeländes bei Kirchheim unter Teck aufgestellt worden, erwies sich aber als »Ente«. Bei den in verschiedenen Literaturquellen beschriebenen »Überresten von Startrampen« handelt es sich lediglich um die Überreste der Startrampen für den ehemaligen Segelflugbetrieb (die Segelflugzeuge wurden am recht steilen Hang über bergab laufende Rampen bzw. Rinnen gezogen und gestartet). Zeitzeugen, die bis Kriegsende und unmittelbar nach Kriegsende am Segelflugplatz Kirchheim unter Teck stationiert waren, konnten bestätigen, daß dort keine Startlafetten montiert wurden. Dagegen scheint ihr Standort in der Nähe von Aichelberg wesentlich wahrscheinlicher zu sein. Als weiterer möglicher Einsatzort wäre das im Schriftverkehr öfters erwähnte Gelände des Flugplatzes Nellingen* bei Stuttgart, nördlich der Autobahn A8, denkbar. Dorthin wurden ein Bauingenieur und einige Bauarbeiter beordert, sowie größere Mengen T- und C- Treibstoff geliefert. Dies legt den Schluß nahe, daß das Unternehmen »Krokus« dort stattfinden sollte. Für Nellingen spricht weiterhin die dort vorhandene Infrastruktur für ein solches Unternehmen (vielleicht weiß ein Leser mehr darüber?).

---

* Der Flugplatz Nellingen diente der Luftwaffe als Feldflugplatz und wurde überwiegend vom »Haifischgeschwader« (Me-110) genutzt. Ende 1944 wurde der Flugplatz von der Luftwaffe offiziell nicht mehr genutzt und bot somit ideale Voraussetzungen für ein »geheimes Unternehmen«.

In diesem Zusammenhang möchte der Verfasser einen Artikel in der *Essener Allgemeinen Zeitung* vom 14. April 1951 nicht unerwähnt lassen. Dort schildert ein Peter Berthold unter dem Titel »Ich sah die letzte Wunderwaffe« seine Einberufung zu einem Sonderkommando in den letzten Kriegswochen. Da, abgesehen von einigen wenigen zeitlichen Abläufen, die wohl im Erinnerungsvermögen durcheinandergeraten sind, dieser Artikel eine Menge Fakten beinhaltet, die frappierende Ähnlichkeiten mit den vorgenannten »Vermutungen« aufweisen, kann davon ausgegangen werden, daß es sich hier um einen »Tatsachenbericht« handelt. Die teilweise etwas enthusiastische Darstellung des Erlebten entspricht dem damaligen Zeitgeist und soll als Dokument nachfolgend unverändert wiedergegeben werden:

»Parow heißt der Land- und Seeflughafen westlich des Rügendamms bei Stralsund. Hier sollten Ende 1944 größtenteils fronterfahrene Flugzeugführer, die sich zur »Reichsverteidigung« gemeldet hatten, »startfertig« gemacht werden. Die geplante Kurzausbildung für Jagdflieger zog sich nicht nur in die Länge, nein, sie wurde überhaupt nicht beendet. In der Fliegersprache nannte man solche Verzögerungspolitik »gammeln«. Hunderte einsatzwilliger Flugzeugführer taten aus Benzinersparnisgründen und wegen sonstiger technischer und organisatorischer Schwierigkeiten alles andere als fliegen. Sie bewegten sich zu Lande und zu Wasser, aber nur äußerst selten in der Luft. Überhaupt trieb man in Parow allerlei Kurzweil. So ließ man zum Beispiel Unteroffiziere, Feldwebel und Oberfeldwebel mit EK I, goldener Frontflugspange und allen möglichen Auszeichnungen »Wache schieben«. Und da es mit dem Spritnachschub überhaupt nicht mehr klappen wollte und damit das Brummen der Flugzeugmotoren auf unabsehbare Zeit verstummte, wurde die Jagdfliegerei in Parow an den Nagel gehängt.

Wie mache ich aus einem kühnen Jagdflieger einen tapferen Infanteristen? Diese Frage wurde schneller gelöst, als es den sowieso schon stark deprimierten Parower Ex-Flugzeugführern lieb war. Punkt 1 bis Schluß der Tagesordnung lautete »Exerzieren«. Wofür? - Nun, Reichsverteidigung mußte man nicht unbedingt aus der Luft betreiben, und diejenigen Flieger, die wenige Monate später bei der Verteidigung Berlins eingesetzt wurden und teilweise in russische Gefangenschaft gerieten, werden das mit bitterem Groll bestätigen.

Auch das Reichsluftfahrtministerium hatte von den Zuständen in Parow Kenntnis bekommen. Und eines Tages wandte sich das RLM in einer »streng geheim« zu haltenden Kommandosache an einen vertrauenswürdigen Fliegerhauptmann des Parower Fliegerhorstes. Dieser Offizier hatte Weisung erhalten, acht fronterfahrene und nach Möglichkeit draufgängerisch veranlagte Flugzeugführer für eine »ganz große Sache« anzuwerben. Diese Werbung geschah aber nicht offiziell. Hauptmann Karl suchte sich seine Leute aus. Und das geschah so unauffällig, daß nicht einmal die »Auserkorenen« wußten, wer überhaupt zu dem bereits bestehenden »Sonderkommando« gehörte. Das erfuhren die acht »Auserlesenen« erst wenige Stunden vor Abfahrt des Zuges, der sie vorerst nach Berlin befördern sollte. Bis zur Aushändigung des Marschbefehls nach Berlin herrschte bei den acht »RLM-Fahrern« großes Rätselraten. Nicht einmal Hauptmann Karl wußte, was man in Berlin mit dem Sonderkommando vorhatte. Jeder dieser acht Männer, zu denen auch ich zählte, ahnte nur soviel, daß irgendein besonderes fliegerisches Ereignis bevorstand. Auf alle Fälle hatte jeder einzelne die Gewißheit, daß eine letzte Chance winkte, von den zum Erdeinsatz verurteilten Parower Flugzeugführern loszukommen.

Und dann war es soweit. Ein zweites Fernschreiben, das an Hauptmann Karl persönlich gerichtet war, trudelte nachts in Parow ein. Danach hatte sich das achtköpfige Sonderkommando sofort im Reichsluftfahrtministerium in Berlin einzufinden. Hals über Kopf wurden die Marschbefehle ausgeschrieben und ebenso Hals über Kopf trennten sich acht hoffnungsfrohe Flugzeugführer von ihren weiterexerzierenden Fliegerkameraden. Und dann ging es mit gemischten Gefühlen gen Berlin.

In Berlin war gerade Entwarnung, als wir acht Abkommandierten mit unserem Kommandoführer Hauptmann Karl eintrafen. Ein herrlicher Märzmorgen lag über der Reichshauptstadt. Die Untergrundbahn beförderte uns fast bis vor die Pforten des Reichsluftfahrtministeriums, das wir wenige Minuten später betraten. In der zuständigen Stelle angekommen, erfuhren wir, daß wir uns umgehend bei einem Ritterkreuzträger Major Gartenfeld auf dem Flugplatz in Oranienburg zu melden hatten. Also auf nach Oranienburg!

Zwei Stunden später waren wir am Ziel angelangt. Major Gartenfeld erwartete uns bereits. Hauptmann Karl

erstattete Meldung, und dann wurden wir in ein abseits stehendes Gebäude geführt. Hier sollten wir wenige Minuten später von unserer quälenden Ungewißheit befreit werden.
Major Gartenfeld, ein guter Fünfziger, führte uns in einen mit Polstersesseln und in jeder Beziehung recht komfortabel ausgestatteten Raum. Die weiteren vier zu dem kleinen Gebäude gehörigen Zimmer wurden von Major Gartenfeld auf unerwünschte Zuhöhrer genau untersucht. Erst als sich der Major davon überzeugt hatte, daß wir keine Lauscher zu befürchten brauchten, betrat er wieder das Sitzungszimmer, in dem wir voller Spannung der Dinge harrten, die man uns zugedacht hatte.
Major Gartenfeld musterte jeden einzelnen von uns mit durchdringendem Blick. Seine Augen glitten über die zahlreichen, zum Teil hohen Auszeichnungen, die fast jeder von uns auf dem Uniformrock angeheftet hatte. Wofür und wann erhalten, forschte der Major. Seit wann Flugzeugführer und an welchen Frontabschnitten eingesetzt, wollte er wissen. Überhaupt interessierte er sich sehr genau für den Werdegang jedes einzelnen von uns. Wir beteten unser Verslein her. Als der Major schließlich erschöpfend Auskunft erhalten hatte, richtete er an uns die Frage: »Männer, wollt ihr euch bereit erklären, als erste Menschen der Welt in einer Rakete zu fliegen?«
Das waren ja nette Aussichten, konstatierten wir acht Versuchspiloten. Mit 650 Sachen in die Luft geschossen zu werden, das ist nicht von Pappe. Aber wir hatten nun einmal A gesagt, was blieb uns also weiter übrig. Dennoch hatten wir eine Chance, mit heiler Haut davonzukommen. Und damit soll auch gleichzeitig die Frage beantwortet werden: Was wird denn nun aus dem Mann in der Rakete, wenn er in die Luft geschossen worden ist?
Im Grunde genommen war die Lösung dieses Problems ganz einfach: Der Flugzeugführer erhält den Auftrag, einen Bomberpulk anzusteuern. Der Abschuß der Rakete erfolgt deshalb auch stets in dem Augenblick, in dem sich in unmittelbarer Nähe der Abschußstelle ein Kampfgeschwader befindet. Ist die Rakete dann in den für den bevorstehenden Abschuß günstigsten Angriffwinkel gerückt, wird das Salvengeschütz durch einen Hebeldruck in Tätigkeit gesetzt. Anschließend muß die Rakete vom Piloten herumgerissen werden. Der offizielle Einsatz ist beendet. Die leergeschossene Rakete, für die nur eine Flugdauer von 2 bis 2 1/2 Minuten vorgesehen ist, wird ohne Antriebskraft noch eine kurze Zeit geradeaus gesteuert. Dann drückt der Flugzeugführer einen zweiten Hebel. Zu diesem Zeitpunkt soll die Höchstgeschwindigkeit von 1200 Stundenkilometern auf 800 Stundenkilometer reduziert worden sein. Beim Hebeldruck löst sich das Salvengeschütz einschließlich Instrumentenbrett vom Raketenrumpf. Der Raketenführer sitzt im Freien. Der starke Luftdruck auf den immer noch geradeaus fliegenden restlichen Raketenkörper vermindert die Geschwindigkeit um weitere 200 Stundenkilometer auf etwa 600 Stundenkilometer. Der kritische Augenblick ist gekommen. Der Flugzeugführer schnallt sich los und betätigt einen dritten Hebel. Am hinteren Ende der Rakete schießen zwei riesengroße Bänderfallschirme hervor. Durch den Entfaltungsstoß wird der Raketenführer in hohem Bogen vornüber vom Sitz und somit aus der führerlos gewordenen Rakete geschleudert. Während der Raketenrumpf einschließlich Triebwerk an den beiden Bänderfallschirmen langsam zur Erde gleitet, bleibt es dem frei fallenden Raketenführer überlassen, zu gegebenem Zeitpunkt seinen Sicherheitsfallschirm auszulösen. Wenn alles programmgemäß läuft, landen Mensch und Maschine wohlbehalten im Schoße von Mutter Erde.
Ja, wenn, - ging es uns durch unsere Köpfe, als wir am nächsten Tag, auf der Eisenbahnfahrt von Berlin nach Sigmaringen; ausgiebig Gelegenhgeit hatten, uns für den bevorstehenden Versuchsstart seelisch und moralisch vorzubereiten. Das monotone Rattern der Wagenräder mag auf manchen Reisenden beruhigend und einschläfernd gewirkt haben. Für uns acht Versuchskarnickel war das Wörtchen Ruhe aus dem deutschen Wortschatz gestrichen. Unsere Nerven waren bis zum äußersten angespannt, und es dürfte bei manchem von uns unterwegs die bange Frage aufgekommen sein: Wirst du den ersten Start überstehen, oder wird dir irgendeine technische Unvollkommenheit, ein Fehler im Material oder sonst ein Mangel am Gerät das Genick brechen? Theoretisch konnte eigentlich nichts schief gehen, bloß die Praxis, die Praxis wollte erst einmal erprobt sein! Nun, dafür waren wir ja bestimmt worden, und da wir nun einmal zugesagt hatten, gab es kein Zurück. Also vorwärts und Schluß mit den Gewissenskonflikten!
Sigmaringen war noch in winterliches Gewand gekleidet, als wir acht Fliegerleute die kleine Bahnstation am Fuße des Heuberges verlassen hatten. Unser Gepäck

überließen wir einem Pferdeschlitten, der am Bahnhofsausgang auf uns gewartet hatte. Dann stapften wir durch den tiefen Schnee den Heuberg empor. Nach zwei Stunden hatten wir unser Ziel erreicht. Wir waren auf dem Truppenübungsplatz Heuberg angekommen. Hier schienen sich Soldaten aller Längen- und Breitengrade ein Stelldichein zu geben. Im Hauptquartier der Wlassow-Armee trafen wir sogar Angehörige der Indischen Freiwilligen-Legion in voller Kriegsbemalung. Keiner nahm Notitz von uns, denn keiner der vielen tausend Landser aus aller Welt ahnte, welch zweifelhafte Mission wir auf dem Heuberg zu erfüllen hatten. Als wir nach Süden blickten, entdeckten wir fern am Horizont die ewigen Schneegipfel der Alpen. Wie oft würde uns dieser Anblick noch vergönnt sein, dachten wir. Dann wurde Quartier gemacht.

Am nächsten Morgen empfingen wir unsere Spezialausrüstung. Jeder erhielt eine mit Asbest gefütterte Fliegerkombination. Dazu einen etwa acht Meter langen Fahrradschlauch, der für den Raketenstart um den Leib und die Lungen gewickelt werden mußte. Dieses künstliche Luftpolster sollte den Raketenführer beim Start vor Verletzungen der inneren Organe bewahren. Als wir sämtliche für unser Vorhaben erforderlichen Utensilien beisammen hatten, pilgerten wir zur Raketen-Versuchsstation, die auf einem Stück freiem Gelände in unmittelbarer Nähe des Truppenübungsplatzes angelegt worden war. In einem kleinen bewachten Schuppen war eine der Versuchsraketen untergebracht. Wir traten ein und blieben verblüfft stehen.

Mit dieser unscheinbaren, primitiv zusammengebauten Sperrholz-Zigarre sollten wir in den Ähter geschleudert werden? Und wieder zwängte sich uns die bange Frage auf: Kann man mit sowas denn überhaupt fliegen? Prüfend tasteten unsere Blicke über das hölzerne Ungeheuer. Auf dem Prospekt in Oranienburg hatte es viel stabiler ausgesehen. Nun ja, Prospekt bleibt Prospekt, und in der Praxis sieht es eben immer etwas anders aus. Damit versuchten wir uns zu trösten.

Einer nach dem anderen setzte sich versuchsweise in den Führerraum. Etwas klein, aber schließlich ist eine Einmannrakete kein Aufenthaltsraum für verwöhnte Hotelgäste. Die Steuerung wurde überprüft. Alles durchaus normal, wie bei einem gewöhnlichen Flugzeug.

Ein Fliegerhauptmann, dem die technische Leitung der Versuchsstation übertragen war, trat auf uns zu und sagte süß-säuerlich lächelnd: „Na, Männer, wie gefällt euch der Apparat?“ Und da wir uns inzwischen von der fliegerischen Brauchbarkeit der hölzernen Zigarre überzeugt hatten, wurde allgemein Anerkennung gezollt. »Morgen mittag lassen wir eine Versuchsrakete starten«, verkündete der TO (Technische Offizier). Dann gingen wir nach unserer Unterkunft.

Wolkenloser Himmel wölbte sich über dem Heuberg, als wir gegen 11 Uhr auf unserer Versuchsstation ankamen. Hier herrschte jene spannungsgeladene Atmosphäre, wie sie nun einmal vorhanden ist, wenn etwas Außergewöhnliches, etwas noch nie Dagewesenes vor den Augen eines sensationshungrigen Publikums abgewickelt werden soll. Schon die Vorbereitungen für den Start der Wunderwaffe ließen erkennen, daß ein besonderes Ereignis bevorstand. Hier ein heftig gestikulierender Techniker, da ein in einen weißen Schutzkittel gekleideter Ingenieur, und dort ein geschäftig hin und her eilender Feuerwerker. Jeder Angehörige der Versuchsstation wußte, worum es diesmal ging. Glückte der heutige Start, dann durfte die Rakete endlich serienweise hergestellt werden. Dann war sie einsatztauglich. Ging die Sache schief, nun, dann mußte weiter probiert und konstruiert werden, und das hätte den längst erhofften Einsatz um weitere Tage und Wochen verzögert.

Inzwischen war die Rakete in die 15 m hohe Lafette eingehängt worden. An ihren Stummelflächen glänzten je zwei mit Pulver gefüllte Zusatzraketen. Neben der Lafette war in unmittelbarer Nähe der Führerkabine eine hölzerne Rutsche aufgestellt. Eine Sicherheitsvorrichtung für den Raketen-Flieger. Für den Fall, daß einmal die Rakete vor dem Start in Brand geraten sollte, hätte sich der Raketenführer durch Absprung in die sogananntе »Rutsche« in Sicherheit bringen können.

Jetzt gab der Technische Offizier Weisung, in die ausgeschaufelten Deckungsgräben zu gehen. Neben der Rakete stand nur ein Ingenieur. Aus den Deckungsgräben blickten etwa 20 Augenpaare erwartungsvoll auf den Raketenkörper. In seinem Führersitz war deutlich die mit Fallschirm ausgerüstete Lederpuppe zu erkennen. Ringsum Totenstille. Nur aus dem Raketenkörper drang zuerst ein leises und dann immer stärker werdendes Brummen. Die Triebwerksautomatik hatte sich in Tätigkeit gesetzt. Das Brummen wurde immer stärker. Unsere Spannung stieg dem Höhepunkt entgegen. Die Automatik hatte auf Vollgas geschaltet, die Zusatzraketen zündeten. Der Raketenrumpf dröhnte und erzitterte.

Noch war die Wunderwaffe durch einen Bremsklotz am Start gehindert. Der Mann im weißen Kittel stellte sich in ein Einmannloch. In der rechten Hand hielt er die Leine, die zum Bremsklotz vor der Rakete führte. In diesem Augenblick schoß aus den Zusatzraketen weißer Qualm. Der Mann riß an der Leine. Der große Augenblick war gekommen. Die Wunderwaffe stieg, immer schneller werdend, an der Lafettenschiene empor und schoß dann, von Riesenkräften getrieben, senkrecht in die Höhe. Alles um uns herum war in weißen Dampf und Pulverqualm gehüllt. Über unseren Köpfen jagte, längst unseren Blicken entschwunden, noch immer höher und höher, die Wunderwaffe.
Plötzlich ohrenbetäubendes Krachen und Prasseln. Sollte die Versuchsrakete auch wieder aus dem Leim gegangen sein? Etwa wieder ein technischer Fehler? Der Qualm hatte sich verzogen. Wir blickten nach der Richtung, aus der wir soeben die unheilverkündenden Geräusche vernommen hatten. Etwas Schwarzes sauste durch die Luft und schlug irgendwo am Boden auf. Aber dann entdeckten wir zwei große miteinander gekoppelte Fallschirme, an denen der Raketenrumpf zu Boden glitt. Und etwas rechts davon in etwa 800 m Höhe trudelte die Lederpuppe, als müßte es so sein, an ihrem Sicherheitsfallschirm dem Erdboden entgegen. Noch immer von dem soeben Erlebten tief beeindruckt, stiegen wir aus unseren Deckungsgräben hervor. Die Freude auf der Versuchsstation Heuberg war an diesem Tage groß. Der entscheidende Versuchsstart der Wunderwaffe war programmgemäß verlaufen. Die Rakete konnte in Serie gehen.
Am 20. April, dem Geburtstag Hitlers, sollten die ersten drei bemannten Raketen ihre Feuertaufe erhalten. Nach einer Besichtigung des Werkes in der kleinen Ortschaft Waldsee, nördlich des Bodensees - hier waren inzwischen 6 oder 7 Raketen fast fertiggestellt worden - fuhren wir in die Nähe von Kirchheim unter Teck. In einem kleinen Wäldchen südlich der Reichsautobahn sollten die drei ersten Raketenstarts voll bestückt und bemannt erfolgen. Aber es sollte anders kommen.
Unaufhaltsam rollte die Front über das württembergische Land. Im Zuge der üblichen »planmäßigen Absetzbewegungen« trat auch unser hoffnungsvolles Häuflein seinen Rückzug an. In Waldsee, wo sich das Werk der Wunderwaffe befand, machten wir Halt. Auf dem Werksgelände wurden gerade Pläne, Zeichnungen und eigentlich alles, was den Stempel »Geheim« trug, verbrannt. Die Front rückte immer näher. Am nächsten Morgen traten die fertigen und halbfertigen Wunderwaffen ihre letzte Reise an. Nicht, wie ursprünglich vorgesehen, in die Luft und dem Feind entgegen, sondern auf eine große Wiese. Hier wurden sie mit Benzin begossen und verbrannt.
Ihre Asche ist inzwischen in alle Winde verstreut. Mit ihr verflog zugleich die Illusion, das deutsche Schicksal in günstigere Bahnen zu lenken.«

Leider konnte Herr Berthold nicht mehr ausfindig gemacht werden, er hätte sicher noch einige interessante Details zum geplanten Einsatz der NATTER erzählen können.
Da man den Termin 20. März 1945 nicht mehr halten konnte, wurde der Termin auf den 20. April 1945, den »Führergeburtstag«, verschoben. Doch der Kriegsverlauf verhinderte den geplanten Ersteinsatz.
Am 20. April 1945 wurde Kirchheim unter Teck von den Franzosen eingenommen. Der Kessel bei Aichelberg/Holzmaden konnte noch bis zum 26. April 1945 gehalten werden, dann schwiegen auch hier die Waffen.
Es ist immer wieder behauptet worden, es wären zehn einsatzbereite NATTER beim Herrannahen der Front gesprengt worden.
Dies war sicher kaum möglich, da ganz einfach keine zehn Einsatzmaschinen zur Verfügung standen. Richtig ist, daß die zehn Startlafetten montiert wurden, jedoch wurde keine NATTER installiert.
Schon Mitte März 1945 wurde auch dem Euphorischsten klar, daß das Unternehmen »Krokus« nicht mehr durchführbar war.
So entschloß man sich, alle fertiggestellten Einsatzmaschinen an einem Sammelpunkt in Bad Wörrishofen zusammenzuführen, um von dort in die »Alpenfestung« auszuweichen.
Von Waldsee marschierte eine NATTER-Mannschaft etwa Mitte April 1945 mit fünf Einsatzmaschinen der Ausführung A1, Zubehör und Ersatzteilen nach Bad Wörrishofen. Gleichzeitig machte man sich von Nabern mit einer Einsatzmaschine vom Fertigungsbetrieb Wolf Hirth auf den Weg. Diese Maschine diente dort als Muster bzw. Lehre und war von der Firma Bachem zur Verfügung gestellt worden.
In Bad Wörrishofen gab es Probleme mit dem Weitertransport. Man entschloß sich, vorerst mit vier Maschinen nach St. Leonhard in Österreich zu marschieren. Erst et-

wa acht Tage später konnte sich die Nachhut mit den restlichen zwei NATTER auf den Weg machen. Dieser zweite Transport wurde auf dem Weg nach St. Leonhard in der Nähe des Ötztales vom Kriegsende überrascht. Schweren Herzens wurden auf höheren Befehl die beiden NATTER angezündet - die nachstoßenden Amerikaner konnten nur noch die traurigen Überreste »erbeuten«.
Die erste Gruppe mit ihren vier Maschinen hatte derweil St. Leonhard im Pitztal erreicht und dort Quartier bezogen. Man entschloß sich jedoch beim Einmarsch der Amerikaner dazu, die Maschinen nicht zu vernichten und so konnten die GI's dort die fast unbeschädigten Einsatzmaschinen erbeuten (Abbildungen S. 113-117). Die Gruppe hatte den Amerikanern sogar den Vorschlag gemacht, unter ihrer Aufsicht die NATTER weiter zu produzieren und zu testen. In zwei bis drei Monaten könne man bereits die ersten Testflüge durchführen, glaubte man. Major Sheedan von der 44. US-Division mit Stab in Imst, wurde über diese Vorschläge informiert, lehnte jedoch, nachdem er mit seiner vorgesetzten Dienststelle Rücksprache genommen hatte, dieses Ansinnen ab. Damit endete die Geschichte des Unternehmes »Krokus«.
Die nachfolgende Liste gibt Aufschluß über die in St. Leonhard gefangen genommenen Mitglieder der Gruppe:

Hans von Behr	Finanzier und Zigarettenpapierfabrikant, wollte die NATTER in seinem Betrieb weiterbauen
Ing. Dr. Heinrich Rieck	Organisator
Ing. Heinrich Hoffmann	Entwicklungsmitglied
Ing. Gerhard Schaller	RLM-Abgesandter und SS-Obersturmführer
Ing. Henri Franz Bethbeder	Projektleiter
Dipl. Ing. Heinz Flessner	Produktion
Ing. Richard Granzow	Triebwerksexperte für Walter-Triebwerke
Hans Zübert	Testpilot für die Tragschleppversuche
Richard Eisenriegler	Pilot
Walter Glöckner	Werkleiter
Karl Schaller	Angestellter, Bruder von Gerhard Schaller
Heinz Jones	Fahrer
Ing. Heinz Hilbert	?

Weitere Namen konnten nicht ermittelt werden. Wie die Namensliste verrät, gehörte auch Hans Zübert zu der Gruppe in St. Leonhard, er berichtet über den Marsch ins Pitztal:
»Gegen Mitte April 1945 sind wir mit fünf Maschinen, nachdem diese verladen worden waren und noch einiges brauchbares Gerät verstaut war, von Waldsee losmarschiert. Wegen der ständigen Bedrohung durch alliierte Tiefflieger konnten wir nur nachts marschieren und kamen daher nur langsam vorwärts. In Bad Wörishofen gab es einige Tage Aufenthalt. Mit vier NATTER ging es dann weiter in Richtung Österreich. Wir schlängelten uns unter schwierigsten Bedingungen über den Fernpaß in die *Alpenfestung* ins Pitztal nach St. Leonhard. Auf der Höhe des Fernpasses gab es dann noch ein Treffen mit Leuten von der Waffen-SS, und ich mußte mit einer Panzerfaust Nachhut spielen und den Transport *sichern*. Die Nachhut mit zwei weiteren NATTER schaffte es vor Kriegsende nicht mehr, bis ins Pitztal zu kommen. Man lagerte in einem verlassenen Baulager in Schlad; hier entstand der damals fortschrittlichste Windkanal der Welt, der Geschwindigkeiten bis Mach 4 ermöglichte (die Franzosen demontierten nach dem Krieg die komplette Anlage und bauten sie im Rhônetal wieder auf, dort ist der Windkanal heute noch in Funktion). Im Lager Schlad wurde die Gruppe vom Kriegsende überrascht. Die Führer der Waffen-SS gaben kurz vor Einmarsch der Amerikaner Befehl, die beiden NATTER in Brand zu setzen. Wir waren allerdings vorher wieder nach St. Leonhard gegangen, dort herrschte ein munteres Treiben und Luxusleben bei den Herren der SS, es gab Sekt, Wein und Lebensmittel vom Feinsten. Bevor dann die Amerikaner kamen, gingen wir noch einmal zurück ins Lager Schlad, wo bereits die Amerikaner eingetroffen waren. Dort geriet ich in Kriegsgefangenschaft. Im Kriegsgefangenenlager lernte ich Herrn von Behr kennen. Herr von Behr war Fabrikant und hatte den Amerikanern vorgeschlagen, die NATTER unter ihrer Aufsicht weiterzubauen, und ich sollte nun, als überlebender Pilot, unterstützend für diese Idee tätig werden.«

Fazit:
Gegen Ende des Krieges war die Bodenorganisation für den Einsatz der NATTER weit fortgeschritten. Bereits am 22. Februar 1945 waren sechs Hubgeräte, ein Dreitonnen-Portalkran, Transportwagen, T-Stoff und C-

Stoff-Tankwagen, Wasserwagen, Heißgeschirre, Ladestöcke usw. bestellt worden, um den Krokus-Einsatz sicherzustellen. Das Unternehmen »Krokus« stand kurz vor seiner Verwirklichung, allerdings fehlten zum Schluß die Mittel, um es noch ausführen zu können.

Noch im April 1945 hatte Erich Bachem einen Ersteinsatz für den 10. Mai 1945 als realistisch erachtet, doch es dürfte sich wohl um Zweckoptimismus gehandelt haben.

Die Ausbildung von geeigneten Piloten und das Leitverfahren waren ebenfalls weit vorangetrieben worden. Der Kriegsverlauf verhinderte jedoch einen Einsatz der NATTER. Nach den vorliegenden Unterlagen ist keine NATTER zur Abwehr eines gegnerischen Bomberverbandes zum Einsatz gekommen. Daher kann die Frage nach der Effektivität eines konzentrierten NATTER-Einsatzes nur hypothetisch geklärt werden. Vorausgesetzt, das System hätte wie geplant funktioniert, wär die Wirkung sicher verheerend gewesen und hätte mit Sicherheit panische oder Schockreaktionen bei den alliierten Bomberbesatzungen ausgelöst.

Wie ein solcher Einsatz hätte aussehen können, wurde im Fliegerkalender 1990 recht anschaulich dargestellt. Dieser Artikel soll zum Abschluß des Kapitels in voller Länge zitiert werden:

»Am 25. August 1944 näherten sich in 9000 m Höhe rund 1000 US-Tagbomber mit 700 Begleitjägern dem mitteldeutschen Raum. Wegen der extrem dünnen Jagdflugzeugdecke über dem damaligen Reichsgebiet, konnten keine nennenswerten Abwehrkräfte mehr zusammengezogen werden. Außerdem erkannte die deutsche Luftabwehr erst im letzten Augenblick das Ziel des Bomberpulks, die Hydrierwerke Leuna und Pölitzsch. Die Stunde der neuartigen Objektschützer war gekommen.

Während etwa 50 Raketenjäger des Typs Me-163 bereits hornissengleich in die Phalanx der Angreifer stießen, verließen die letzten Objektschutzjäger der NATTER-Batterien ihre Startlafetten und fauchten raketenschnell den in Sichtweite gekommenen Fliegenden Festungen entgegen. Schon nach einer Minute hatten die winzigen Maschinen mit ihren Stummelflügeln 11.000 m Höhe erreicht. Sie gingen sofort in den Horizontalflug über und stießen nun aus günstiger Überhöhung auf die B-17 Bomber hinab, ohne von den völlig überraschten Begleitjägern behelligt zu werden. Die deutschen Flugzeugführer versuchten, ihre jeweils 24 Luft-Luft-Raketen möglichst effektiv einzusetzen. Tatsächlich schlugen zahlreiche Salven in die Leiber der Viermots. Sich ihrer tödlichen Last durch Notwurf entledigend, gerieten viele getroffene Bomber vom Kurs und Höhe ab und krachten mit anderen Maschinen zusammen. Das Chaos war vollkommen, der Pulk löste sich in Panik auf.

Derweil befanden sich die Objektschützer im Sturzflug, Richtung Erde, leergeschossen und ohne Treibstoff. Die Me-163 glitten ihren Landeplätzen entgegen. Die NATTER Piloten hingegen sprengten den Bugteil ihrer Pseudo-Flugzeuge weg und stiegen in Höhen mit ausreichend Sauerstoff per Fallschirm aus. An einem weiteren Fallschirm schwebte der Rumpf mit dem Antrieb zu Boden. Eine andere Landemöglichkeit gab es für diese Wegwerf-Flugzeuge nicht.«

US-Soldaten inspizieren das Heck einer NATTER.

Eine der vier erbeuteten Einsatzmaschinen in St. Leonhard (Pitztal, Österreich).

Die notdürftig getarnte NATTER auf ihrem Transportwagen.

Drei GI´s begutachten eine erbeutete NATTER.

Einer der beiden Bänderfallschirme, deutlich ist die geöffnete Klappe für den Fallschirmausstoß zu erkennen.

Eine erbeutete NATTER von vorn.

Das Cockpit wird in Augenschein genommen.

Eine Einsatz-NATTER auf dem Transportwagen, im Vordergrund ist eine der Startraketen zu erkennen.

Fertigung

Bis am 8. Mai 1945 die Waffen in Europa schwiegen, wurde die NATTER hauptsächlich an drei Standorten produziert, bzw. war ihre Fertigung angelaufen.
Das Hauptwerk befand sich in Waldsee, hier wurde der Löwenanteil der NATTER hergestellt. Die zweite Fertigungsstätte war die Wolf Hirth GmbH in Nabern und als dritte kam noch das Möbelwerk Kühn & Leffler in Gräfenroda (Thüringen) hinzu.
Im Oktober 1944 gab Fliegerstabsingenieur Magerstädt das *Flugzeugfertigungskennblatt* für die NATTER *Ba-349 V-1* heraus. Die bis dahin gängige Bezeichnung »V« für Versuchsmuster wurde kurze Zeit später in »M« für Mustermaschine geändert.
Die NATTER war so konzipiert, daß kaum sogenannte Sparstoffe zur Verwendung kamen. Überwiegend wurde Holz verwendet, das noch in ausreichender Menge zur Verfügung stand. Außerdem waren die einzelnen Teile, wie z. B. die Rippen für die Tragflächen, so einfach gestaltet, daß sie jede Möbelfabrik herstellen konnte. Die Rippen wurden geleimt und der nötige Anpreßdruck wurde durch Zusammennageln der einzelnen Teile erreicht. Die Rumpfspanten bestanden aus zusammengeleimten Kiefer-Schnittholzleisten. Die Abbildungen Seite 120 bis 125 zeigen eindrucksvoll die verschiedenen Baustadien zum Rumpfaufbau der NATTER.
Die Beplankung des Rumpfes wurde aus 2,5 mm starkem Sperrholz aufgebracht. Der Bauaufwand einer NATTER betrug lediglich 600 bis 1000 Mannstunden; dies war nur ein Bruchteil des Bauaufwandes herkömmlicher Jagdflugzeuge. Die Abbildungen Seite 130 bis 131 geben einen guten Einblick in die Fertigung im Werk Waldsee.
Im Frühjahr 1945 wurden die Probleme innerhalb der Fertigung aufgrund fehlender Zulieferteile und Materialien immer größer. Die Zerstörung der Bahnlinien und die ständige Bedrohung durch die allgegenwärtigen Tiefflieger der Alliierten machten einen Transport bei Tage nahezu unmöglich.

Links: Montage der Einsatzmaschinen für das Unternehmen »Krokus«, Ende März 1945.

Rippennasen für die Abschlußkappen der Tragflächen.

Die Rippen für die Tragflächen werden aus einfachen Kiefernholzleisten zusammengeleimt. Der nötige Anpreß-druck wird durch Zusammennageln der Teile erreicht.

Tragflächenrippe.

Hauptholm mit montierten Rippen.

Auch der Mangel an Facharbeitern und sonstigen Arbeitskräften wurde zu einem ständig wachsenden Problem. Für immer mehr Arbeiten wurden auch Frauen hinzugezogen.
Schon recht früh machte man sich Gedanken, die Produktion der NATTER auf mehrere Standorte zu verteilen und zu dezentralisieren. Viele kleine Einzelteile oder Fertigungseinheiten sollten von Möbelwerken und kleinen Schreinereien hergestellt und in den drei Fertigungszentren dann zur kompletten Maschine zusammengefügt werden.
Als erstes erinnerte sich Erich Bachem an seinen Studienfreund Wolf Hirth, der in Nabern bei Kirchheim unter Teck einen kleinen Zulieferbetrieb für die Luftfahrtindustrie gegründet hatte. Gegen Ende Februar 1945 erhielt Hirth einen Auftrag über zehn NATTER der Serienausführung A1; es kam allerdings nur noch zur Fertigstellung von Heck und Leitwerksteilen.
Etwa zur gleichen Zeit beklagten die Bachem-Werke in Waldsee den zögerlichen Eingang der Zahlungen für den erteilten Auftrag über 100 NATTER; eine Teilrate von 250.000,- RM wurde angemahnt.
Als sich die militärische Lage immer mehr verschlechterte, wurde die Verlagerung des Bachem-Werkes von Waldsee zum *Holzverarbeitungsbetrieb Waldhausen* geplant.
Am 2. März 1945 verlautbarte eine Mitteilung:
»Verlagerung nach Waldhausen:
Weitere Fertigeinzelteile zum Weiterbau in Waldhausen wurden per LKW nach dort überführt, desgleichen weitere Konstruktionsunterlagen. Die Baracken für Waldhausen sind immer noch nicht eingetroffen, ebenfalls nicht die erforderlichen Einrichtungsgegenstände.«
Hinter der Tarnbezeichnung *Waldhausen* verbarg sich die Gemeinde Gräfenroda in Thüringen und mit *Holzverarbeitungsbetrieb* ist das ehemalige Möbelwerk Kühn & Leffler, die heutige Möbel GmbH Gräfenroda, gemeint. Im etwa 10 km entfernten Gelände des Truppenübungsplatzes Ohrdruf sollten die Steilstartversuche weitergeführt werden, siehe auch Kapitel *Steilstart-*

Ein fertiggestelltes Tragwerkgerüst.

Vorgefertigte Beplankung aus Sperrholz.

Beplankter Tragflügel.

Fertiges Höhenleitwerk.

Rumpfspanten der NATTER, wie sie von der Möbelfabrik May geliefert wurden.

Rumpfbau. Die Tragflächen sind bereits montiert.

Wo gehobelt wird, da fallen Späne: Diese Aufnahme vom Bau einer NATTER zeigt nochmals deutlich die Holzbauweise.

Einige Heckteile der NATTER, im Vordergrund liegt ein Bugsegment mit Panzerglasscheibe.

Einbau des Steuerknüppels.

Blick auf das Rudergestänge im Heck der NATTER.

erprobung. In Gräfenroda kam es lediglich noch zur Fertigung von Kleinteilen, wie Tragflächenrippen u.ä.
Gegen Ende April 1945 wurde Gräfenroda von den Amerikanern besetzt, somit ist also keine NATTER dort von der Roten Armee erbeutet worden, wie immer wieder behauptet wurde. Auch in Nordhausen ist nie eine Fertigung der NATTER angelaufen, es existierten nur Pläne in groben Zügen.
In Berlin unterhielt die Firma Bachem noch ein kleines Büro, um eine kurze und schnelle Verbindung zum RLM in Berlin zu haben.
Kurz vor Kriegsende wurden, wie in Kapitel *Ersteinsatz* beschrieben, die fertiggestellten Maschinen sowie alles noch brauchbare Material nach St. Leonhard transportiert, wo die NATTER weiterproduziert werden sollte. Maschinen und Material lagerte man vorerst auf der grünen Wiese. So konnten die Amerikaner neben den vier fast kompletten NATTER noch das nachfolgend aufgelistete Material erbeuten:
- 4 Ersatztragflächen
- 2 Kisten mit R4M-Raketen
- 2 funktionsfähige Walter-Triebwerke 109-509 A-2
- 4 funktionsfähige Starthilfsraketen SG 34
- 1 Bergungsfallschirm
- diverse Instrumente und Armaturen

Das restliche, zurückgelassene Material und die im Bau befindlichen Maschinen wurden größtenteils, aber meist halbherzig zerstört.
Als am 23. April 1945 die Franzosen vor den Toren von Waldsee standen, zersägte man einige noch vorhandene Startlafetten und benutzte sie als Panzersperren. Einige Waldseer Bürger hißten voreilig weiße Fahnen. Sturmbannführer Volk vom SS-Ersatzbataillon 358, das den Auftrag hatte, Waldsee zu verteidigen, wollte als

Vergeltung die gesamte Stadt niederbrennen und alle männlichen Einwohner erschießen lassen - so wird es jedenfalls erzählt.* Dazu kam es aber nicht und das Bataillon erhielt in der Nacht zum 24. April den Auftrag, Waldsee zu räumen und neue Stellungen weiter im Süden zu beziehen. Am 24. April marschierten dann die Franzosen ein.

Am 28. März 1945 hatte General Dornberger die NATTER von der offiziellen Liste der der noch zu fertigenden Flugzeugtypen gestrichen. Trotzdem arbeiteten die Bachem-Werke und ihre Zulieferer bis zum Kriegsende verbissen am Projekt NATTER weiter. Insgesamt wurden in Waldsee etwa 37 Mustermaschinen hergestellt, bzw. befanden sich bei Kriegsende in verschieden Baustadien, die meisten davon wurden in diversen Versuchen »aufgebraucht«.

Darüberhinaus wurden acht Einsatzmaschinen der Baureihe A1 fertiggestellt. Entgegen anderslautenden Berichten und Bezeichnungen diverser Fotos, ist keine Einsatzmaschine der B-Version fertiggestellt worden. Es befand sich allerdings eine Maschine im fortgeschrittenen Baustadium.

Von der C-Version, eine Abwandlung der B-Version mit abnehmbaren Tragflächen und T-Leitwerk, sollen zumindest noch einzelne Baugruppen gefertigt worden sein.

Ein Beutebericht der Amerikaner legt den Schluß nahe, daß deutsche Stellen in Sachen NATTER wohl auch Verbindung zu den Japanern pflegten oder pflegen sollten. Tatsächlich wurde die Firma Bachem angewiesen, vollständige Unterlagen der PB-20 an die Japaner zu liefern. Aufgrund nicht mehr zu bewältigender Transportprobleme kamen die Japaner jedoch nie in den Besitz der Unterlagen.

Damit wäre die Geschichte der NATTER fast erzählt, aber es gibt noch einen kleinen »Nachschlag«.

Was geschah mit den erbeuteten NATTER nach Kriegsende?

Wo kann man heute noch eine NATTER besichtigen?

Antwort auf diese Fragen gibt das nächste Kapitel.

---

* Das eigenmächtige Hissen der weißen Flagge durch Zivilisten in Ortschaften, die von eigenen Truppen bereits geräumt waren, war erlaubt, wie mehrere Kriegsgerichtsverfahren der Wehrmacht beweisen. Nur wenn sich noch eigene Truppen **vor** oder **im** entsprechenden Ort befanden, waren standgerichtliche Sühnemaßnahmen gerechtfertigt.

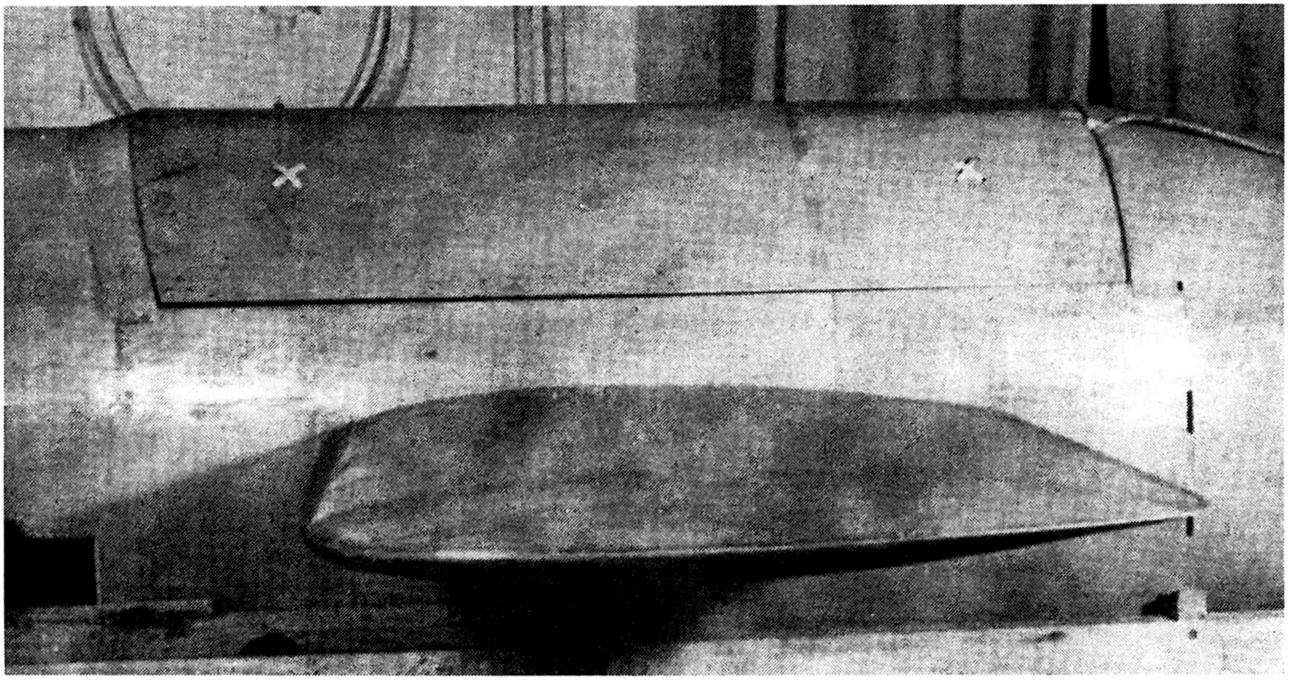

Die abwerfbare Klappe für den Bergungsfallschirm im Rumpfrücken für die Steilstartversuche.

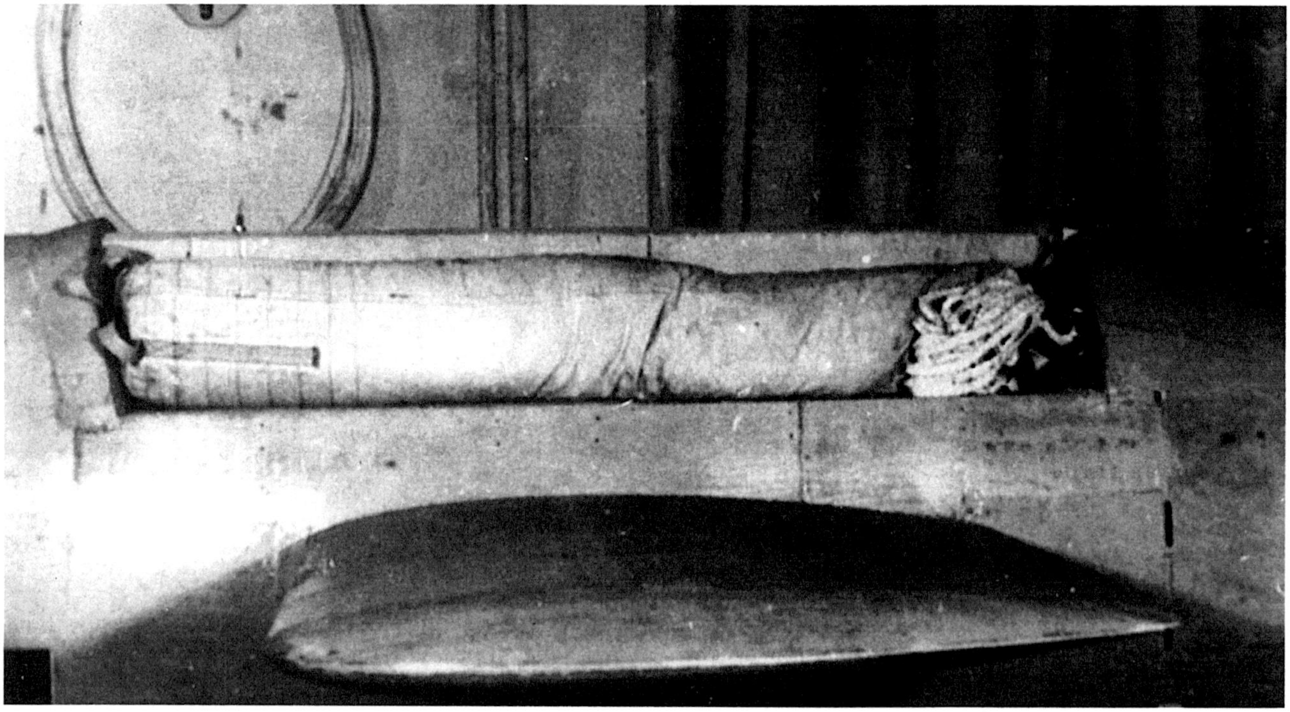

Geöffnete Klappe mit dem Bergungsfallschirm.

Montierte Startraketen.

Heckansicht einer NATTER mit montierten Startraketen, jedoch ohne Walter-Triebwerk.

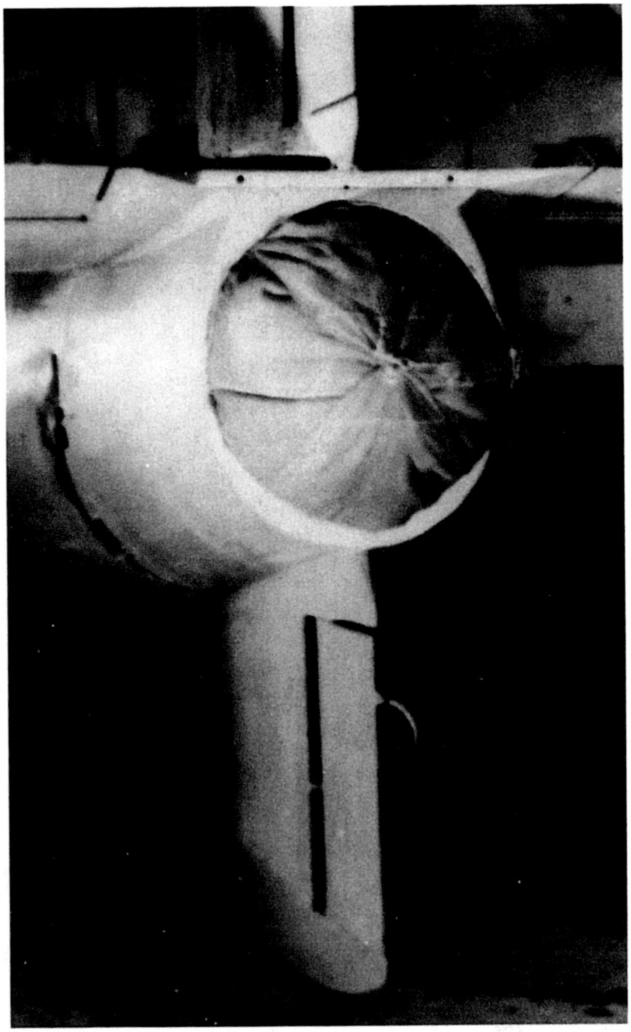

Heckansicht einer Mustermaschine für die Tragschleppversuche, man erkennt deutlich das »aufgesetzte« Höhenleitwerk und den im Heck untergebrachten Bergungsfallschirm.

Links: Die Panzerglas-Frontscheibe.

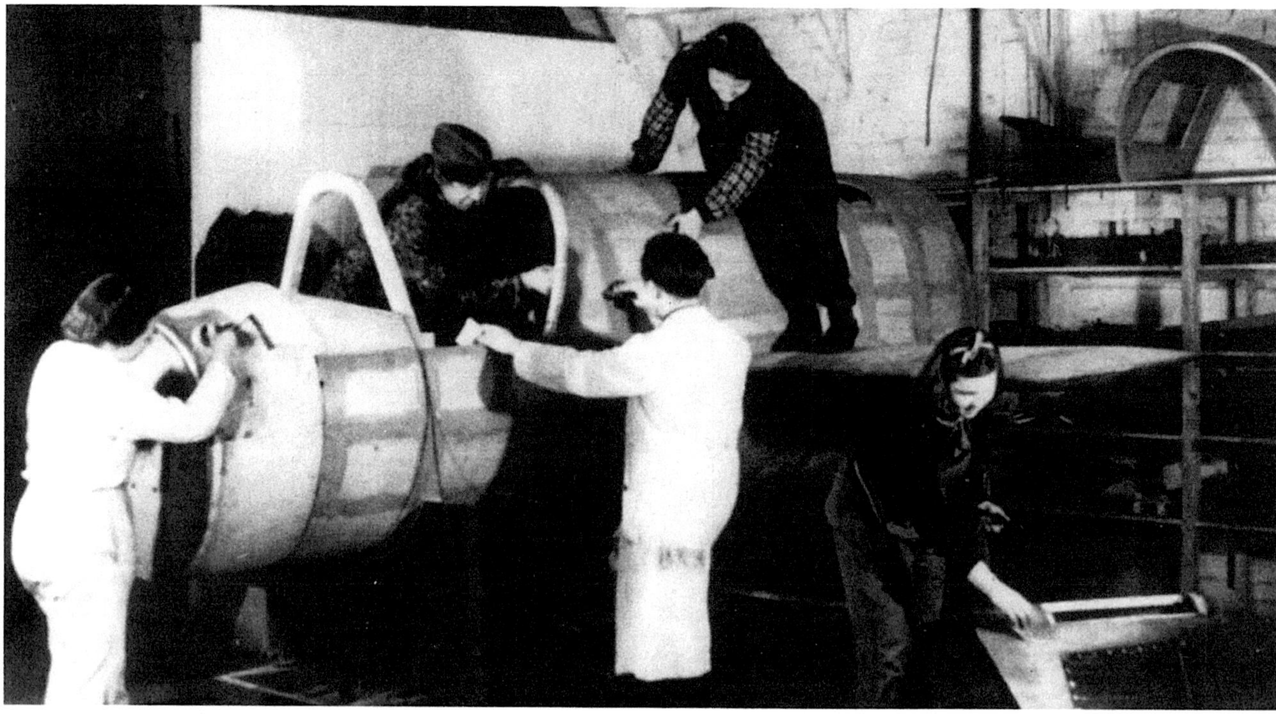

Im Bachem-Werk. Die Außenhaut wird verschliffen. Wie man sieht, war dies im letzten Kriegsjahr vorwiegend Frauenarbeit.

Verstellbares Trimmgewicht im Rumpfbug einer Mustermaschine.

Die einzige fertiggestellte Einsatzmaschine mit Strahlruder im Bau, die Maschine steht heute im Museum Silver Hill in Kalifornien.

Ein Blick in die Bachem-Montage-halle.

Alles

Nachkriegs-verbleib

Die von US-Truppen bei St. Leonhard erbeuteten NATTER ließen die Alliierten nach Kriegsende zur sogenannten Kriegsbeuteschau nach Farnborough in England bringen. Einer Maschine pinselten sie, um Eindruck zu schinden, sogar Hakenkreuze auf die Tragflächen (siehe Abbildung S. 134), was ganz und garnicht der deutschen Originalkennzeichnung mit Hoheitszeichen entsprach.
Zumindest zwei der Maschinen gelangten anschließend in die USA und eine Maschine wurde in die Sowjetunion verbracht. Ob die vierte Maschine, wie hin und wieder behauptet wird, in England geblieben ist oder ebenfalls nach Amerika gelangte, konnte nicht schlüssig geklärt werden.
Die zwei Maschinen, die in die USA gelangten, wurden mit dem vorhandenen Zurüstmaterial und Ersatzteilen komplettiert und einsatzfähig gemacht.
Eine Maschine mit der Beutenummer FE-1/T2-1 wurde in den USA auf verschiedenen Ausstellungen gezeigt. So war sie im September 1945 auf dem Gelände von Freeman-Field zu sehen; von dort wurde sie etwa im Mai 1946 nach Park Ridge gebracht, wo sie bis Juni 1946 blieb.
Im gleichen Monat wurde auf der Muroc Army Base* die zweite NATTER, Beutenummer FE-1/T2-2, für einen Steilstarttest startfertig gemacht. Hierfür hatten die Amerikaner eigens eine eigene Fernsteuerung in der NATTER installiert.
Der Start gelang, senkrecht stieg die NATTER aus dem Startgerüst, warf die Startraketen ab und alles schien programmgemäß zu verlaufen. Doch plötzlich entwickelte die NATTER ein Eigenleben, die Fernsteuerung versagte. Die NATTER reagierte auf keinerlei Fernsteuersignale, legte sich auf den Rücken und ging in den

Links: Ausgestellte NATTER (Beutenummer FE-1/T2-1) in Freeman Field (USA). Im Hintergrund steht eine erbeutete Ju-290 mit der Aufschrift »Alles kaputt«. Am Heck der NATTER ist deutlich das Gestänge für die Strahlruder zu erkennen.

Horizontalflug über. Mit nahezu Schallgeschwindigkeit fauchte sie davon. In etwa 30 km Entfernung krachte die Maschine, nachdem der Treibstoff verbraucht war, in einen *Drugstore* bei Las Vegas, der zum Glück nur schwach besucht war. Personal und Besucher kamen mit dem Schrecken und leichten Verletzungen davon. Dies war der unwiderruflich letzte Start einer NATTER. Die Amerikaner verzichteten auf weitere Versuche, und so kam die NATTER mit der Beutekennzeichnung FE-1/T2-1 im Juni 1946 ins *National Air and Space Museum* in Silver Hill, wo sie heute in einem erbarmungswürdigen Zustand vor sich hingammelt (siehe S. 136). Es war dies die einzigste fertiggestellte Einsatzmaschine, die mit Strahlrudern ausgerüstet war, das Betätigungsgestänge läßt sich auf den Abbildungen der Seiten 135/136 sehr gut erkennen (Erläuterungen zur Funktion der Strahlruder siehe auch Kapitel *Steilstarterprobung*, Seite 56).

* Muroc Army Base, heute Edwards Air Force Base, wurde bekannt durch den ersten Überschallflug mit *Chuck Yeager* am 14. 10. 1947 mit dem Bell X-1 Raketenflugzeug

Ausgestellte NATTER auf der Kriegsbeuteschau in Farnborough (England) mit nachträglich aufgemalten Hoheitszeichen, die in dieser Form und Anordnung von der Luftwaffe nie verwendet wurden..

Ausgestellte Beutenatter in Amerika auf einem Transportwagen.

Die FE-1/T2-1 von hinten, deutlich erkennbar ist das Gestänge für die Strahlruder.

Die FE-1/T2-1 mit abgesägten, hochgeklappten Tragflächen im Museum in Silver Hill, eine R4M-Rakete steckt noch in der Waffenanlage!

Die FE-1/T2-1 eingepfercht zwischen anderen Ausstellungsstücken in Silver Hill.

Blick ins abgenommene Bugteil.

Blick in das Cockpit, nachdem das Bugteil entfernt wurde. Die Einsatzmaschinen erhielten eine fest installierte Nackenstütze, die hier gut zu erkennen ist.

Blick von vorn auf die in einem erbarmungswürdigen Zustand »vor sich hingammelnde« NATTER in Silver Hill.

Außer den vier erbeuteten Maschinen haben noch diverse Baugruppen und Einzelteile das Kriegsende überlebt. Aus solchen Baugruppen wurde eine NATTER rekonstruiert, die heute im Deutschen Museum in München zu besichtigen ist. Der Bericht ihrer Entstehungsgeschichte stammt von Ing. Kurt Rohrbach und wird nachfolgend in Auszügen wiedergegeben:
»Im Jahre 1967 hatte Herr Rohrbach in einem Gespräch mit Herrn Oberstleutnant Moesner aus Neubiberg, der seinerzeit in Bad Waldsee eine Luftwaffenausstellung zu leiten hatte, in Erfahrung gebracht, daß auf einem Speicher der Firma ERIBA-Fahrzeugbau GmbH&Co. (Erich Bachem baute nach dem Krieg Wohnwagen) noch vier Bruchstücke von Versuchszellen der Bachem NATTER lagerten (siehe Abbildung auf Seite 142). Unverzüglicherweise wurde eine umfangreicher Schriftwechsel eingeleitet, der im Juni des folgenden Jahres, die für das Deutsche Museum erschreckende Nachricht von der Zerstörung der gesamten Fabrikationsstätten durch einen Großbrand brachte. Die NATTER-Bruchstücke blieben zum Glück von diesem Großfeuer verschont, da sie in einem Nebengebäude lagerten. Dieser Zwischenfall mahnte zur Eile, und so trafen die Bruchreste doch schließlich in München ein.
Die Aktivität von Herrn Rohrbach galt nun zunächst der Beschaffung des fehlenden Haupttriebwerks und der vier Zusatzraketen. Auch da kam ein Hinweis im richtigen Augenblick.
Herr Dipl. Ing. Zacher, der ehemalige Erprobungsleiter des Natterprogramms, hatte uns mitgeteilt, daß kurz vor Kriegsende etwa zehn bis 15 Raketentriebwerke im Waldsee versenkt wurden.
Mit einer Bitte um Unterstützung bei Herrn Brigadegeneral F. Böttcher, Kommandeur der Pionierschule und Akademie des Heeres für Ingenieurbau in München, hatten wir wiederum Erfolg. Als wir an die Such- und Bergungsarbeiten eines Triebwerkes herangingen, war es inzwischen Ende Oktober geworden, und die Wassertemperaturen waren nicht gerade ideal für ein derartiges Unternehmen. Den Pionieren und insbesondere den Froschmännern sei deshalb an dieser Stelle für ihren Einsatz nochmals gedankt.
Nach zwei Tagen intensiver Sucharbeit mußten wir jedoch feststellen, daß sich von den im Jahre 1945 versenkten Triebwerken leider keines mehr im Waldsee befand. Die Triebwerke wurden, wie wir später erfuhren, kurz nach dem Kriege heimlich geborgen und verschrottet. Die mühsame Arbeit sollte aber auf eine andere Weise belohnt werden. Auf der Suche nach einer 5 m langen Eisenstange führte uns der Weg zur Schlosserei Weber. Hier fanden wir nicht nur die nötige Eisenstange, sondern auch vier vom Gras schon halb verdeckte NATTER-Zusatzraketen!. Nach »45« hatte man hier in Waldsee aus diesen Zusatzraketen sogenannte Kanonenöfen hergestellt.
Jetzt bereiteten uns die Restaurierungs- und Instandsetzungsarbeiten der Zelle große Sorgen, denn es fehlte uns erstens die notwendige Werkstättenkapazität und zweitens auch das erforderliche Geld.
Da kam einer unserer langjährigen Freunde und Gönner, der uns schon bei den Restaurierungsarbeiten des weltberühmten Segelflugzeuges »Vampyr« seine unvergessene Hilfe angeboten hatte, und versicherte, daß er bereit sei, auch diesmal wieder zu helfen.
Herr Dr.-Ing. Heinz Cordes aus Bad Schwartau, selbst alter Flugzeugführer und derzeitiger Vizepräsident des Landesverbandes Schleswig-Holsteiner Luftsportvereine, erklärte sich bereit, mit der Hilfe der Werkstatt des Landesverbandes unter Verwendung der vorhandenen Bruchstücke eine Zelle der Bachem NATTER herrichten zu lassen. Die vollständige Auslastung der Landeswerkstätte, die gestiegenen Löhne, aber auch die Schwierigkeiten der Restaurierung und originalgetreuen Rekonstruktion der fehlenden Zellenteile vereitelten den ursprünglichen Plan. Der Eifer, mit dem Dr. Cordes an die nun einmal übernommene Aufgabe heranging, ließ jedoch keineswegs nach. Fachgerecht und mit der einem erfahrenen Flugzeugbauer eigenen Genauigkeit, rekonstruierte und baute er eigenhändig zu Hause in über 2000 Arbeitsstunden eine Bachem NATTER (siehe S.143-146). Den Werkstätten des Deutschen Museums blieb nur noch der Zusammenbau der einzelnen Teile und deren Bemalung.
Mit dieser in ihrem Umfang beispiellosen Arbeit hat Dr. Cordes dem Konstrukteur der Natter, Herrn Dipl.-Ing. Erich Bachem, wohl aber auch sich selbst ein Denkmal gesetzt.
Nachdem nun die Kraftstofftanks, das Walter-Treibwerk und die Ausrüstung des Armaturenbrettes noch fehlen, wäre das Deutsche Museum jedem Leser für die, wenn auch nur leihweise, Überlassung von eventuell sich noch in Privatbesitz befindlichen Unterlagen bzw. Hinweise auf noch vorhandene Originalteile dankbar.«

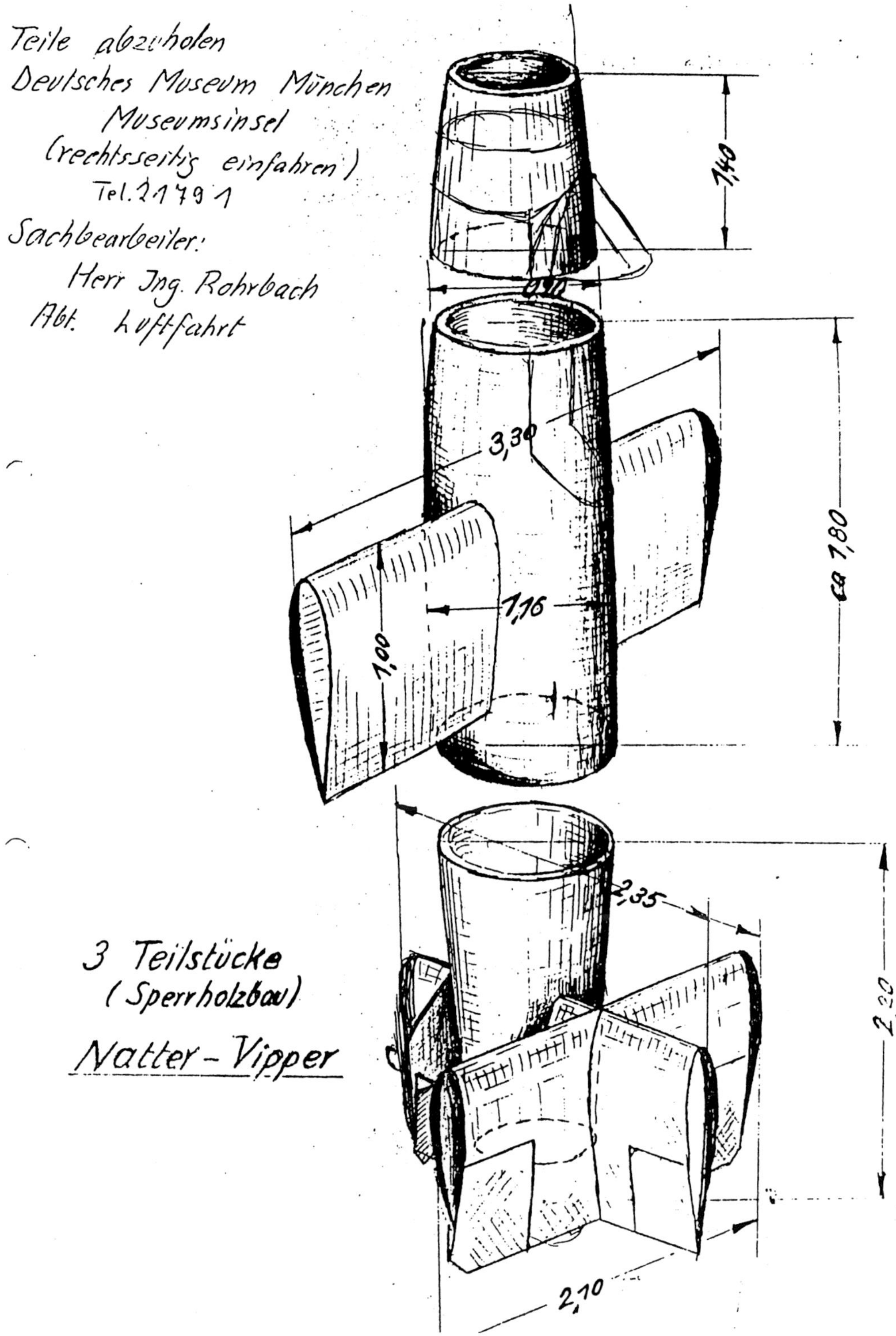

Skizze der bei den Bachem-Werken nach dem Krieg aufgefundenen drei NATTER-Teilstücke.

Links das Variometer der NATTER mit der Skala für extreme Steig- und Sinkraten (± 250 m/s), rechts daneben ein normales Variometer zum Vergleich. Versuchspilot Zübert erinnert sich, daß sich im Cockpit zwei seitliche Bedienkonsolen befanden. Hans Zübert hatte sich darüber hinaus am rechten Seitenfenster Linien anbringen lassen, die in Deckung zum seitlichen Horizont den Anstellwinkel erkennen ließen.

»Lieferzustand« der NATTER-Teile.

Das bereits gespachtelte Rumpfmittelstück im Garten von Dr. Cordes.

Das fertiggestellte Heck auf dem Transportanhänger.

Das Heckteil im Garten von Dr. Cordes, man beachte den zur »Unterstützung« dienenden Stuhl.

Der zum Teil restaurierte Rumpf der Museums-NATTER

Rumpf mit Tragflächen im fortgeschrittenen »Bauzustand«.

Der fertig verspachtelte und verschliffene Rumpf.

Der fertiggestellte Rumpf mit Tragflächen.

Die fertiggestellte NATTER in der Ausstellungshalle im Deutschen Museum in München.

Rumpfmittelstück der Museums-NATTER.

Rumpfvorderteil der Museums-NATTER, gut zu erkennen ist die Trennlinie zur abwerfbaren Bugsektion.

Dies zur NATTER im Deutschen Museum. Auch das kalifornische Museum *Planes of Fame* in Chino stellt seit Dezember 1996 einen exakten NATTER-Nachbau im Maßstab 1:1 aus. Da ja bekanntlich Originale nur begrenzt zur Verfügung stehen, mußte eben ein Nachbau herhalten. George Lucas, einem pensionierten Lehrer aus New York, ist dieser Nachbau ausgesprochen gut gelungen, wie die nachfolgenden Abbildungen zeigen.
Damit wären die dem Verfasser derzeit bekannten, weltweit zu besichtigenden NATTER-Exemplare aufgeführt.
Über den Verbleib der »russischen« NATTER konnte nichts in Erfahrung gebracht werden. Nochmals sei darauf hingewiesen, daß die Sowjets keine NATTER in Thüringen erbeuten konnten. Die Amerikaner besetzten die in Frage kommenden Räume Gräfenroda und Nordhausen Ende April 1945 und übergaben sie erst später, als Deutschland unter den Siegermächten aufgeteilt wurde, an die Russen.
Laut amerikanischer Beuteberichte wurden, wie zuvor beschrieben, alle vier Beute-NATTER nach England verbracht und dort anschließend aufgeteilt. Die Sowjets erhielten die besagte eine NATTER »zugeteilt«.
Damit wäre die Geschichte der NATTER; soweit sie derzeit recherchierbar ist, erzählt. Für die Modellbaufreunde unter den Lesern wird im nachfolgenden Kapitel die NATTER als Bausatz vorgestellt.

Nachbau einer NATTER im Maßstab 1:1 von George Lucas, ausgestellt im Museum »Planes of Fame« in Chino/Kalifornien.

Detailaufnahme der Strahlruder. Offensichtlich stand für den Nachbau die Originalmaschine im Museum von Silver Hill mit der Beutenummer FE-1/T2-1 Pate; da diese die einzige gefertigte Serienmaschine mit Strahlrudern war.

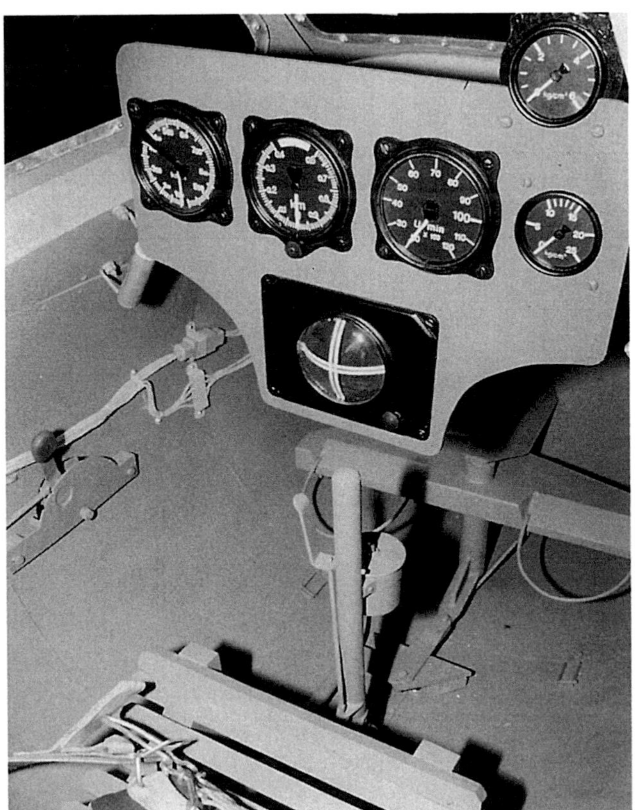

Eine schöne Aufnahme des Instrumentenbretts der NATTER. Links außen erkennt man den Geschwindigkeitsmesser, daneben befindet sich der Höhenmesser, rechts neben dem Höhenmesser ist der Turbinendrehzahlmesser angebracht und rechts außen befindet sich eine der Schubanzeigen. Rechts oben ist eine weitere Schubanzeige für den unteren Schubbereich (Marschofen) angebracht, in der Mitte unten erkennt man den Wendehorizont. Es fehlt das Variometer (siehe hierzu Abbildung Seite 142).

Die NATTER im Modell

In der Vergangenheit gab es kaum einen nennenswerten Bausatz für die NATTER, bis 1993 die Firma *Dragon/Faller* einen Bausatz im Maßstab 1:48 auf den Markt brachte, welcher in seiner Detaillierung wohl kaum zu übertreffen ist. Das packende Deckelgemälde von Herrn M. Sataken wurde, mit freundlicher Genehmigung des Unternehmens, für die Titelgestaltung dieses Buches gewählt.
Zuerst kündigte *Dragon/Faller* den Bausatz mit der Stahllafette an. Ausgeliefert wurde dann jedoch der Bausatz mit der Holzmastlafette. In dieser Form war das Modell bis Anfang 1997 erhältlich.
1995 brachte *Dragon/Faller* einen zweiten Bausatz der NATTER heraus, ebenfalls im Maßstab 1:48. Dieser war so angelegt, daß die NATTER im *zerlegten* Zustand gebaut werden konnte, wodurch der Modellbauer - respektive der Betrachter - einen guten Eindruck vom Innenleben der NATTER sowie vom Walter-Triebwerk gewinnen konnte. Beide Bausätze eignen sich hervorragend für die Gestaltung von Dioramen. Leider sind beide Bausätze mittlerweile wieder aus dem Lieferprogramm *Dragon/Faller* gestrichen worden.
Alle Bauteile in den Bausätzen sind von hervorragender Quallität und äußerst paßgenau. Ein Nacharbeiten ist kaum nötig. Vorsicht ist bei der Handhabung des Holzmastes der Startlafette angebracht, da die zierlichen Steigeisen leicht abbrechen. Den Bausätzen liegen auch recht filigrane Fotoätzteile bei, die es erlauben, feinste Details darzustellen.
Die Bauanleitungen und die Baupläne sind einfach und übersichtlich gestaltet, so daß der Bau der NATTER auch dem Ungeübten keine Probleme bereiten dürfte. Man erhält in jedem Fall ein außergewöhnliches Modell. Zur Lackierung des Modells sei eine *Airbrush*-Spritzpistole empfohlen. Es geht natürlich auch nach alter Väter Sitte mit dem Pinsel; allerdings ist das Ergebnis

Links: Die NATTER am Holzmast. Der Mast ist bewußt hell lackiert worden, um die filigranen Steigeisen deutlich zu markieren.

dann auch nicht ganz so prächtig. Ein vertretbarer Mittelweg ist die Verwendung von Farbspraydosen.
Da keine NATTER zum Einsatz kam, bleibt die Anbringung von Hoheitszeichen, Staffelkennungen und dergleichen der Phantasie des Modellbauers überlassen. Er kann sich jedoch auch für den Bau einer der verwendeten Mustermaschinen entschließen und Fotos als Vorlage benutzen.
In den 60er - 80er Jahren gab es diverse Vakubausätze sowie einen Gießharzbausatz der NATTER in den Maßstäben 1:72 und 1:48, die aber wegen ihrer eingeschränkten Qualität und Maßungenauigkeiten nicht weiter beschrieben werden.
Bis etwa 1989 hatte die Firma *Heller* einen Spritzguß-Bausatz der NATTER im Maßstab 1:72 im Programm; dieser Bausatz soll demnächst wieder aufgelegt werden (1998). Der Bausatz beinhaltet neben der NATTER noch die bemannte V-1 (Reichenberg). Er ist recht einfach gehalten und besteht nur aus wenigen Teilen, die aber ein recht ansprechendes Modell ergeben.
Für Interessenten, die im Besitz dieses Bausatzes sind, wird auf Seite 158 die Stahlstartlafette wiedergegeben. Nach dieser Vorlage läßt sich die Startlafette recht gut nachbauen. Das *Heller*-Modell wirkt, bedingt durch den Maßstab, recht klein, ist jedoch für den 1:72-er Fan ein absolutes Muß.
Im Oktober 1997 erschien ein Resin-Bausatz der Firma *A+V Models* im Maßstab 1:72. Der Kartonaufdruck verspricht den Nachbau der Mustermaschine M8, welche für Tragschleppversuche benutzt wurde. Dies ist falsch, richtig ist die Bezeichnung Mustermaschine M3, da die M3 die *einzige* Variante mit Dreibeinfahrwerk war. Der Bausatz ist nur dem erfahrenen Bastler zu empfehlen. Er ermöglicht den Nachbau eines ansehnlichen und einzigartigen Modells. Für die Besitzer des *Heller*-Modells stellt er eine schöne Ergänzung zur Einsatz-NATTER dar und gibt Anretz zum Bau eines Dioramas mit einer Heinkel He-111 als Schleppmaschine. Da der Bausatz der Firma *A+V models* erst kurz vor Druckbeginn des Buches auf den Markt kam, konnte dieser

Kartoncover der Firma Dragon/Faller für ihren NATTER-Bausatz im Maßstab 1:48 (zerlegbare Variante).

Dragon- und Heller-Modelle der NATTER zum Größenvergleich nebeneinander aufgestellt.

Kartoncover der Firma Dragon/Faller für das Modell mit Holzmastlafette im Maßstab 1:48.

Diorama von Olaf Krabbenhöft, aufgebaut mit dem Dragon-Modell. Die Szene ist den Versuchen mit der Puppe (Seite 64) nachempfunden.

zwangsläufig nur kurz behandelt und erwähnt werden. In den USA wurde von einem - leider nicht mehr auffindbaren - Modellbauer im Jahre 1986 eine funktionsfähige NATTER im Maßstab 1:2 gebaut, gestartet und modellgeflogen; d.h. die Mini-NATTER startete mit einem Raketentriebwerk aus einer Startlafette, stieg senkrecht auf, zerlegte sich und schwebte an einem Fallschirm wieder zu Boden. Leider war nicht in Erfahrung zu bringen, ob dieses Modell ein Einzelstück geblieben ist, oder ob hiervon gar ein Bauplan existiert; vielleicht weiß ja ein Leser mehr.

Für eine japanische Privatsammlung wurde 1995 in Deutschland eine NATTER im Maßstab 1:1,17 (dies entspricht ca. 85% der Originalgröße) gebaut. In Dresden soll eine NATTER im Maßstab 1:1 existieren. Näheres war hierüber leider nicht in Erfahrung zu bringen.

Modell im Maßstab 1:2 mit funktionsfähigem Raketentriebwerk, das deutlich aus dem Rumpfheck herausragt.

Steilstart der Modell-NATTER mit laufendem Raketentriebwerk.

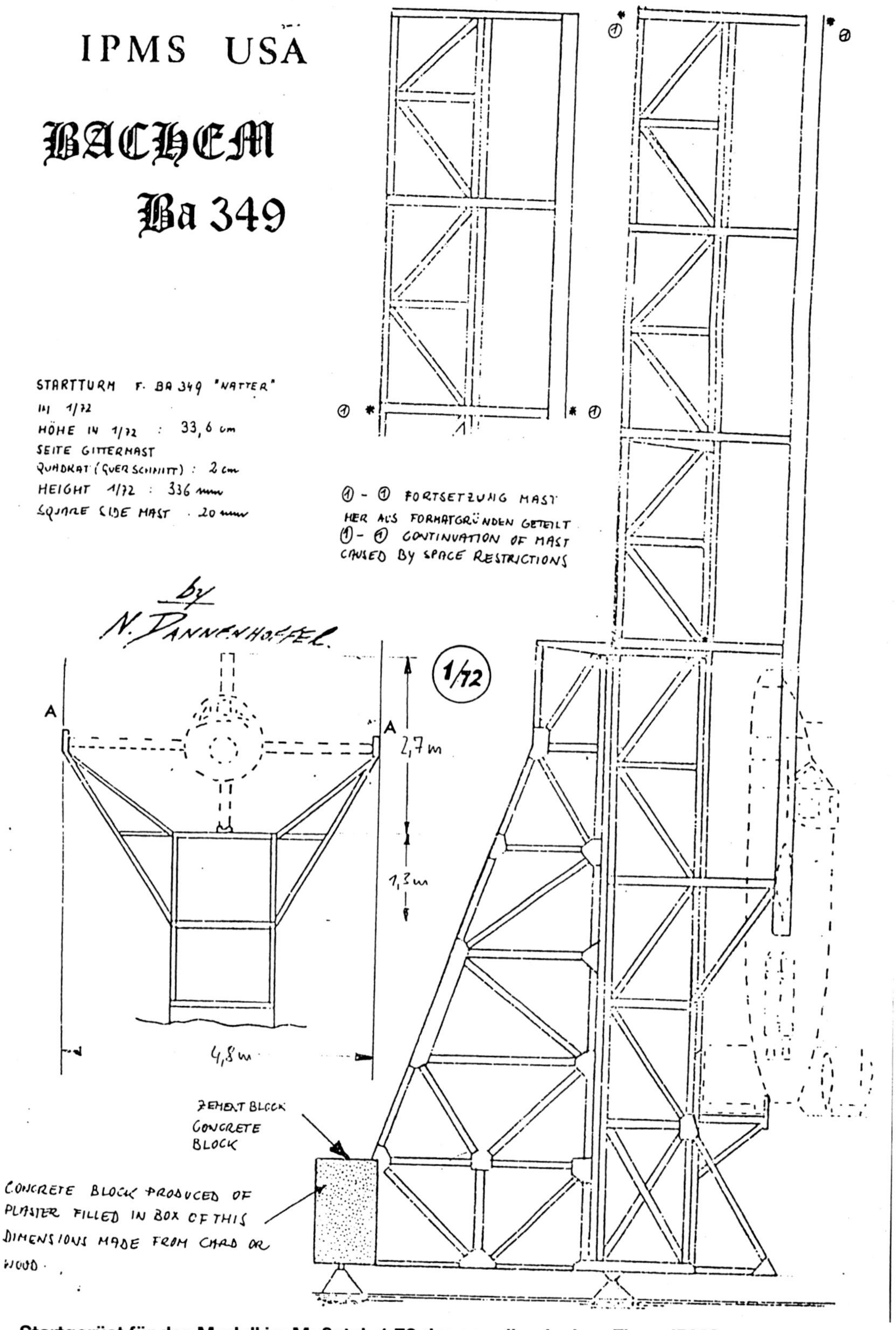

Startgerüst für das Modell im Maßstab 1:72 der amerikanischen Firma IPMS.

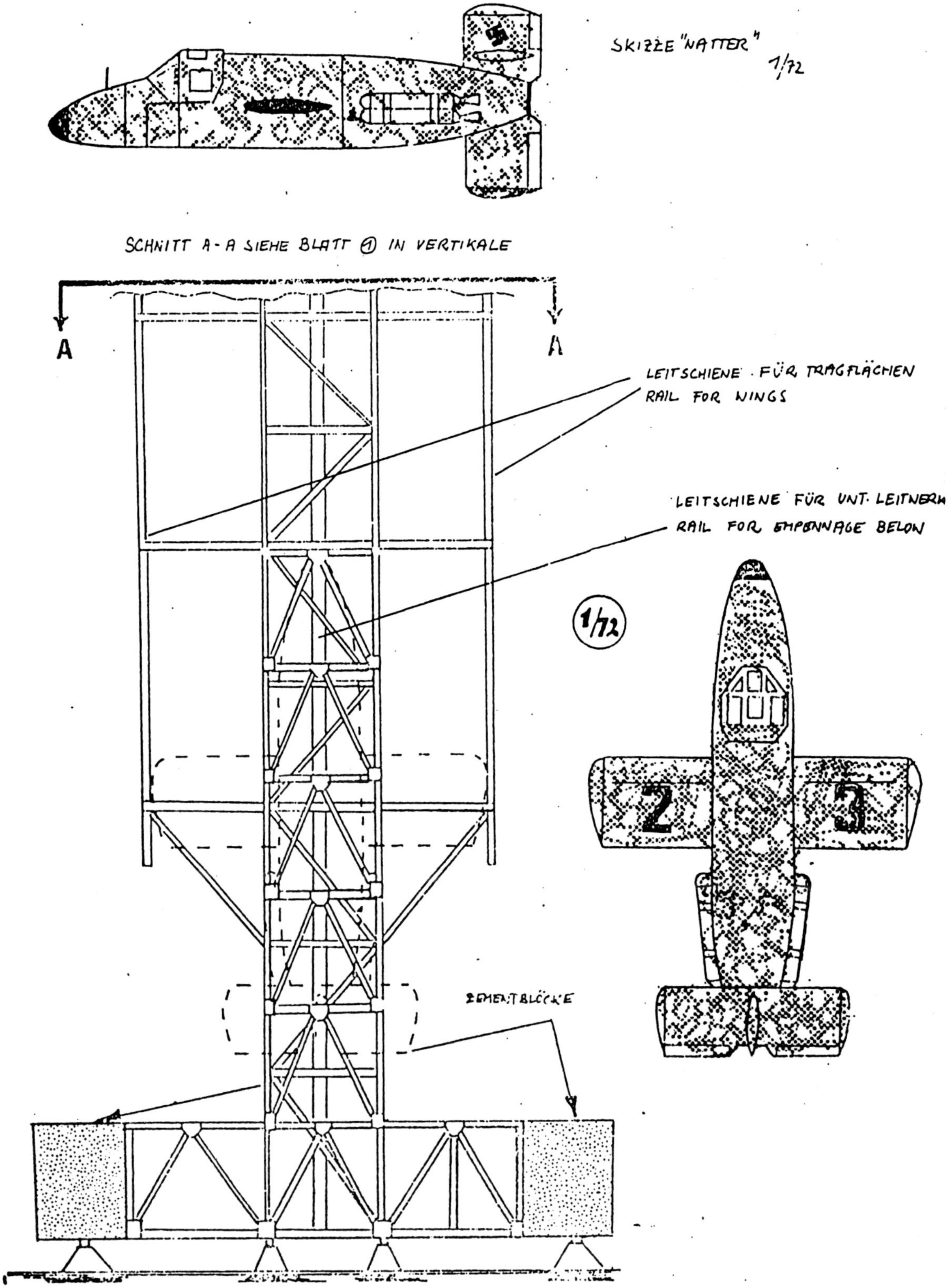

Zweiter Teil des Startgerüstes.

Folgende Doppelseite: Modell-Bauanleitung der Firma Heller.

Ref 071

Heller

32 Pièces

Ech 1/72e

FIESELER Fi 103
BACHEM Ba 349 A

HISTORIQUE

Le Fieseler Fi 103 était un V-1 piloté, destiné à détruire des objectifs ponctuels, tels que des navires ou des points stratégiques. Il était amené sur son objectif par un Heinkel 111. Après "Lachage" le pilote dirigeait l'appareil sur l'objectif et sautait en parachute.

CARACTERISTIQUES

Longueur	: 8,00 m
Envergure	: 5,70 m
Moteur	: Argus As 014
Vitesse	: 870 km/h
Armement	: 850 kgs d'explosif

Le Bachem Ba 349 A était un monoplace destiné à l'interception des formations de bombardiers Alliés qui survolaient le Reich. Il décollait à partir d'une rampe verticale. Après avoir vidé son panier à roquettes et avoir été abandonné par son pilote, le Natter rejoignait le sol avec l'aide d'un parachute.

CARACTERISTIQUES

Longueur	: 6,00 m
Envergure	: 4,00 m
Moteur	: 1 fusée WALTER HWK 109.509
Vitesse	: 896 km/h
Armement	: 24 roquettes de 73 mm

NOMENCLATURE

GRAPPE 1

1 1/2 Fuselage D.
2 1/2 Fuselage G.
3 Siège
4 AV chariot
5 AR chariot
6 Côté chariot (2)

GRAPPE 2

7 Aile
8 Manche à balai
9 Tableau de bord
10 Valve

GRAPPE 3 CRISTAL

11 Verrière

GRAPPE 4

12 1/2 Fuselage D.
13 1/2 Fuselage G.
14 Fusée (2)
15 Siège
16 AV chariot
17 AR chariot
18 Côté chariot (2)

GRAPPE 5

19 Cloison
20 Tableau de bord
21 Roquettes
22 Manche à balai
23 Mire
24 Empennage D.
25 Empennage G.
26 Aile

GRAPPE 6 CRISTAL

27 Nez
28 Pare-brise
29 Verrière

CONSEILS DE MONTAGE

OUTILLAGE : Si nécessaire, ébarber les pièces à l'aide d'une lime fine. Eliminer sur certaines pièces les petites pastilles rondes qui ont pour but de faciliter le moulage.
Utiliser la peinture et les pinceaux HELLER pour la décoration de votre maquette. Peindre les pièces directement sur la grappe, dégrapper celles-ci à l'aide d'une pince coupante type pince à ongle ou un stylet.
Avant montage, lire attentivement chaque paragraphe.

COLLAGE : Utiliser la colle avec parcimonie. Laisser sécher longuement. Une pièce cassée peut être recollée.

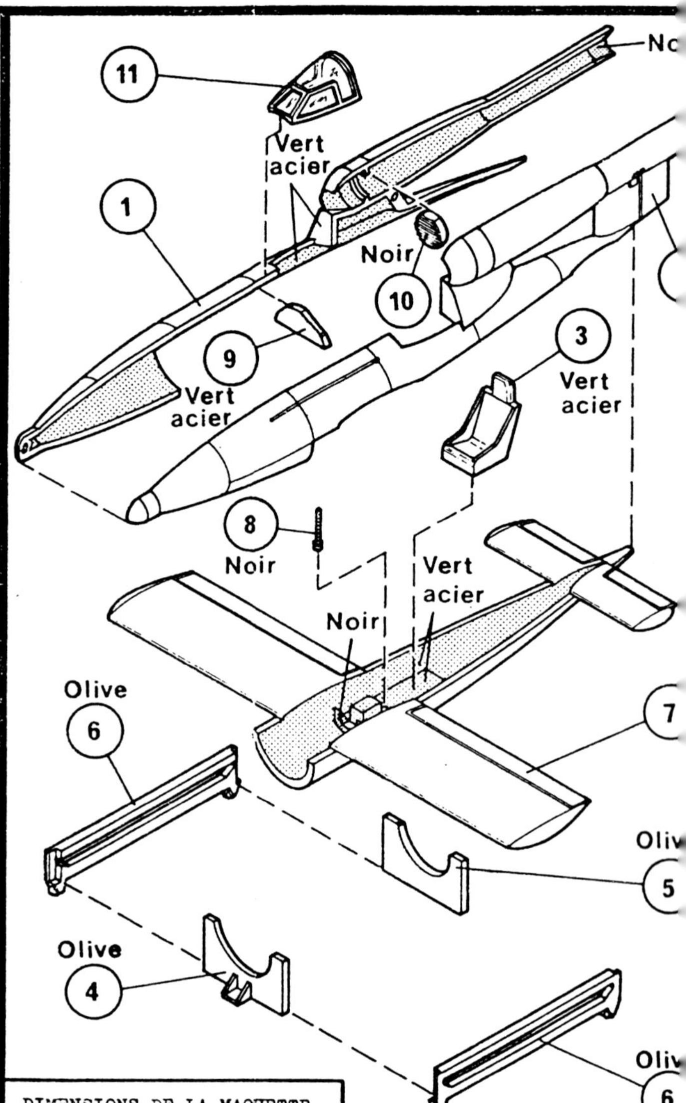

DIMENSIONS DE LA MAQUETTE

Longueur .... 111 mm
Envergure .... 79 mm

FIESELER Fi 103 "REICHENBERG 1V"

DEC

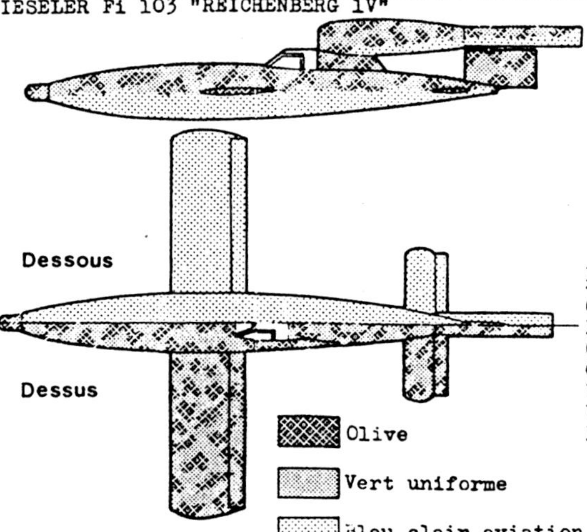

Peintures H

Gris amiral
Noir ......
Gris perle
Olive .....
Vert unifor
Vert acier
Bleu clair

DIMENSIONS DE LA MAQUETTE	
Longueur	83 mm
Envergure	55 mm

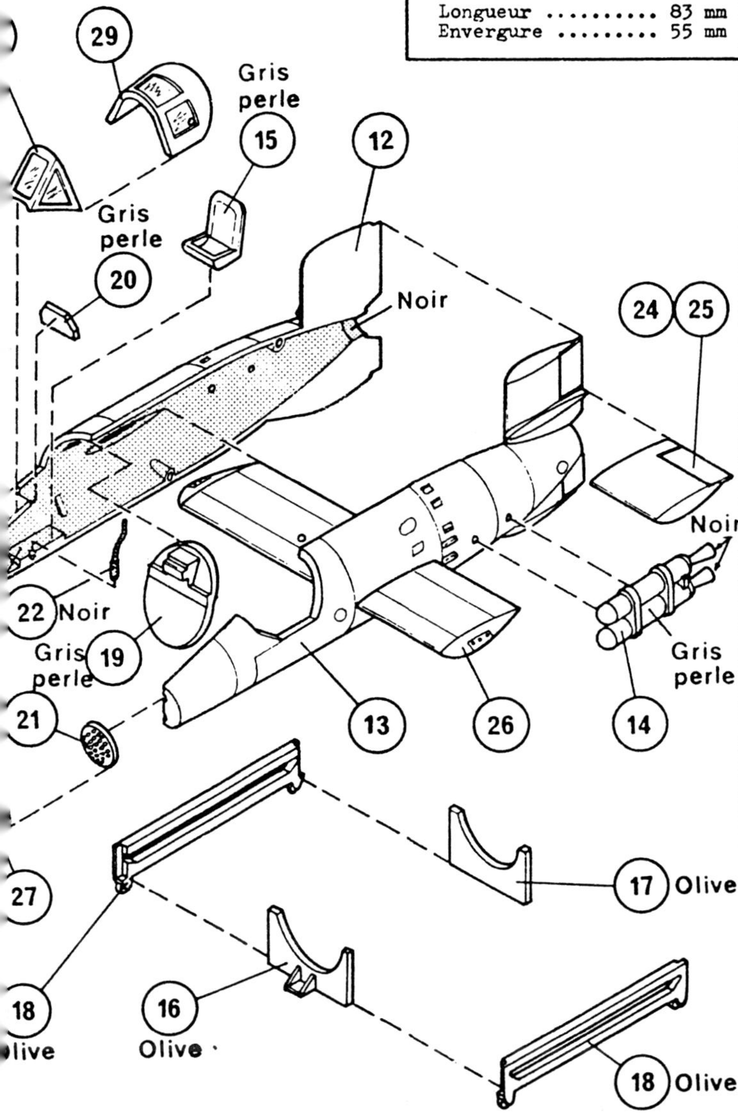

MONTAGES

A - MONTAGE Fi 103

Coller 9 et 10 dans 1 (repos)
Coller 2 contre 1 (centrages)
Coller 8 dans 7 (centrage)
Coller 7 sous le fuselage
Coller 3 sur 7
Coller 11 sur le fuselage
Coller 4 et 5 entre 6 (2) (centrages)
Coller l'appareil sur le chariot

B - MONTAGE Ba 349 A

Coller 19 dans 12 (repos)
Enfiler 26 dans 13 en butée à l'intérieur du fuselage
Coller 13 contre 12 (centrages) en emprisonnant et collant 26
Coller 22 dans le fuselage (centrage)
Coller 15 dans le fuselage et contre 19
Coller 20 contre le fuselage
Coller 23, 28 et 29 sur le fuselage
Coller 21 à l'avant du fuselage (centrages)
Coller 27 contre 21
Coller 24 et 25 contre le fuselage
Coller 14 (2) de chaque côté du fuselage (centrages)
Coller 16 et 17 entre 18 (2) (centrages)
Coller l'appareil sur le chariot

IMPORTANT

HELLER vous prie, en cas de réclamation, de bien vouloir la commenter par lettre adressée à :

HELLER, 58, rue d'Hauteville
75010 - PARIS

en joignant à cette lettre :

-Le talon ci-dessous réservé à cet effet
-2 timbres poste-Affranchissement lettre Tarif actuellement en vigueur.

Toute réclamation incomplète ne pourra être prise en considération.

BACHEM Ba 349 A "NATTER"

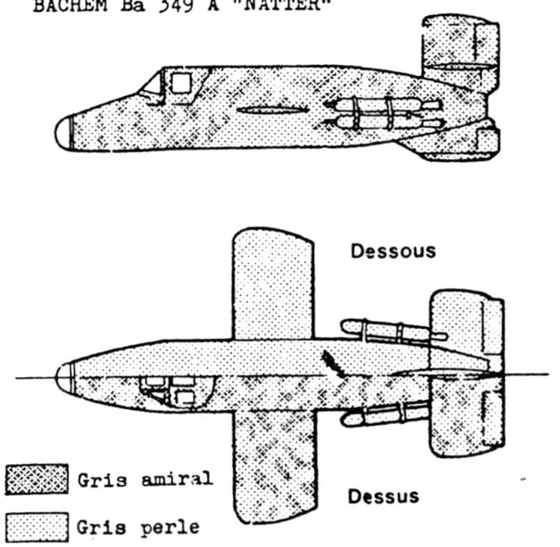

liser
7001
7010
7020
7030
7061
7063
7064

Fieseler 103 . Bachem 349

Ech 1/72e Ref 071

DOSSIER N° ______

(ne rien inscrire dans ce cadre)

N° DES PIECES INCRIMINEES : ______

(Ecrire en lettre d'imprimerie)

EXPEDIER à .

NOM : ______ Pré.: ______

RUE : ______

VILLE : ______

CODE POSTAL ______

Massenstart einer NATTER-Batterie zum Abwehreinsatz (Fotomontage).

Nachtrag

Was war sie denn nun, die NATTER? War sie die vielmals beschriebene, »primitive Sperrholzzigarre«? Auf den ersten oberflächlichen Blick - vielleicht. Man kann die NATTER nicht mit heutigen Maßstäben messen, sondern muß vielmehr die damals herrschenden Verhältnisse berücksichtigen und sich die Möglichkeiten vor Augen halten, die Konstrukteuren seinerzeit überhaupt noch zur Wahl standen.
Deutschland stand mit dem Rücken zur Wand, die Rohstoffe waren knapp und teilweise nicht mehr vorhanden. Holz war noch in ausreichender Menge verfügbar, so drängte sich dieser Werkstoff geradezu als Baumaterial auf.
Unter Berücksichtigung dieser ganzen Rahmenbedingungen kann man die Entwicklung der NATTER sicherlich als außergewöhnliche Leistung bewerten. Wenn man darüber hinaus bedenkt, welche technischen Neuentwicklungen als »Abfallprodukte« der Konstruktion entstanden sind, muß man den mit der Entwicklung betrauten Personen Hochachtung zollen. So war die NATTER das erste Gerät mit Bug- und Hecktrennung, sowie das erste senkrecht startende Fluggerät mit abwerfbaren Startraketen (*Booster*), bei ihr wurde erstmals das Prinzip der »Wiederverwendung« umgesetzt, erstmals die »Kombination« Flüssigkeitsrakete und Feststoffrakete als *Booster* getestet; sie war die erste Flugwaffe mit einem Raketen-Salvengeschütz im Bug, bei ihr wurden erstmals »Bänderfallschirme« zur Bergung des Rumpfes mit dem integrierten Raketentriebwerk verwandt, erstmals »Strahlruder« zur Steuerung in der Anfangsphase des Steigfluges für ein bemanntes Gerät vorgesehen; sie war die erste Waffe, für die ein Leitradarkonzept zur Heranführung an einen Bomberverband entwickelt wurde und - nicht zuletzt - war die NATTER die erste Maschine, bei der die Kombination Höhen- und Querruder in einem Kreuzleitwerk verwirklicht wurde (nicht zu verwechseln mit der Kombination Höhen- und Seitenruder im Kreuzleitwerk der Do-335).
Diese Menge an technischer Raffinesse hebt die NATTER weit über den Status einer »primitiven Sperrholzzigarre« hinaus.
Der Vorwurf, bei der Erprobung der NATTER sei sozusagen »ohne Rücksicht auf Verluste« gehandelt worden, ist sicher nicht ganz von der Hand zu weisen, wenn man sich das traurige Schicksal von Lothar Sieber vor Augen hält. Aber im Krieg wird mit anderen Maßstäben gemessen als zu Friedenszeiten. Selbst während des sogenannten *Kalten Krieges*, als Amerikaner und Russen sich einen Wettkampf im Rennen um den ersten »Mann im Mond« lieferten, wurde von den beteiligten Astronauten und Kosmonauten eine erhöhte Risikobereitschaft erwartet. Die ersten Starts der *Gemini*- und *Mercury*-Unternehmungen boten sicher kein geringeres Risiko als ein bemannter Start mit der NATTER. Vielleicht sollte man sich in diesem Zusammenhang daran erinnern, daß beim *Apollo*-Programm drei Astronauten bei Bodentests der Raumkapsel verbrannten. Die *Challenger*-Katastrophe ist mittlerweile fast schon in Vergessenheit geraten und auch die Tatsache, daß das Unternehmen *Apollo 13* nur knapp einer Katastrophe entging. Über die russischen Verluste an Menschenleben bei der bemannten Raumfahrt sind keine genauen Zahlen bekannt - mit Sicherheit waren sie höher als die amerikanischen.
Viele Dinge und Zusammenhänge, die die NATTER betreffen, sind widersprüchlich und zum Teil bewußt unrichtig dargestellt worden. Einige Personen versuchten, mit sensationellen und reißerischen Berichten die Aufmerksamkeit auf sich zu lenken. Andere versuchten, aus ihrer Tätigkeit bei Bachem nach Kriegsende Kapital zu schlagen. So der Mitkonstrukteur der NATTER, Henry Franz Bethbeder; der sich als niederländischer Staatsbürger auf die Seite der Deutschen geschlagen hatte. Um dem Makel des »Kollaborateurs« entgegenzuwirken, behauptete er nach Kriegsende, daß er von den Deutschen zur Mitarbeit gezwungen, mißhandelt und in

ein Konzentrationslager gesteckt worden sei. Weiterhin habe er einen bemannten Steilstart in Kirchheim unter Teck mit der NATTER ausgeführt. All diese Behauptungen hielten einer gerichtlichen Untersuchung nicht stand. Die niederländische Zeitschrift *Elseviers Magazine* veröffentlichte am 8. April 1978 einen Bericht über die »Affaire Bethbeder«, worin die Behauptungen Bethbeders als völlig haltlos bewertet wurden.

Anfang der 90er Jahre strahlte der *Südwestfunk Baden-Baden* eine Sendung aus, worin ein Mann aus Kirchheim unter Teck behauptete, er sei der erste Raketenflieger der Welt gewesen und habe in der Nähe von Kirchheim unter Teck einen Steilstart ausgeführt. Die *Stuttgarter Zeitung* veröffentlichte einen Artikel, worin behauptet wurde, der ortsansäßige Wolfgang H. habe »maßgeblich« an der Entwicklung der NATTER mitgewirkt. Im Kirchheimer Stadtarchiv wurde Wolfgang H. ein entsprechender Platz eingeräumt. In den Unterlagen der Firma Bachem und den anderen Originalquellen erscheint der Name Wolfgang H. jedenfalls nicht.

Die Behauptung, daß noch drei weitere bemannte Steilstarts nach Siebers Start am 01.03.1945 erfolgt wären, hält sich ebenfalls hartnäckig und wird von Veröffentlichung zu Veröffentlichung munter weitergereicht. Fakt ist jedoch, daß es nur diesen einen bemannten »Steilstart« mit Lothar Sieber gegeben hat.

Die drei »zusätzlichen« Starts rühren sicher aus der Fehlinterpretation eines Nachkriegsinterviews mit Erich Bachem her, in dem er äußerte: »... insgesamt sind 22 Mustermaschinen erprobt worden, hiervon unbemannt 18 Stück, bemannt vier Stück ...«. Bemannt geflogen wurden die Mustermaschine M 1 im *Tragschlepp*, die Mustermaschine M 3 im *Tragschlepp*, die Mustermaschine M 8 im *Tragschlepp und Freiflug* und nur die Mustermaschine M 23 im *Steilstart*.

Eine weitere interessante Einzelheit enstammt einem amerikanischen Beute-Bericht: Professor Willy Messerschmitt soll vorgeschlagen haben, bei der NATTER eine Landekufe, ähnlich jener der Me-163, vorzusehen. Wenn dieser Vorschlag zur Ausführung gekommen wäre, hätte eine Landung - bei der hohen Landegeschwindigkeit der NATTER - wohl nur nur von sehr erfahrenen Piloten bewerkstelligt werden können.

Nach 1945 haben sich auch die sogenannte Trivialliteratur und Heftreihen des Themas NATTER bemächtigt. So erschienen in der Reihe *Der Landser* Hefte mit den Titeln: »Das bemannte Geschoß«*, »Raketenjäger« und »Jagd unter den Sternen«; in der Reihe *Fliegergeschichten* wurden die Titel »Die ersten Raketenjäger«, »Sieg der Zähigkeit« und »Dr. Ungestüm« veröffentlicht.

Eine Erinnerung ganz anderer Art an die Pionierleistung der NATTER finden Besucher des Truppenübungsplatzes Heuberg bei Stetten am kalten Markt vor.

1980 errichtete die Bundeswehr anläßlich des 70jährigen Bestehens des Truppenübungsplatzes Heuberg in der Nähe der ehemaligen Startrampe am Ochsenkopf einen Gedenkstein für die Steilstartversuche mit der NATTER.

*

Der Verfasser hofft, daß er mit dieser Dokumentation dazu beitragen konnte, die Geschichte der NATTER ihrem »Dornröschenschlaf« zu entreißen und den Raketenpionieren Erich Bachem und Lothar Sieber den ihnen gebührenden Platz in der Geschichte der Luft- und Raumfahrt einzuräumen.

---

* Dieses Heft beinhaltet eine Menge an Details und Fakten.

Gedenkstein für die NATTER-Versuche am Ochsenkopf.

Anhang

Im Anhang werden als Leckerbissen für den intressierten Leser Faksimiledrucke der Originalversuchs- und Erprobungsberichte wiedergegeben, soweit sich diese in einem Zustand befanden, welcher einen problemlosen Nachdruck ermöglichte.

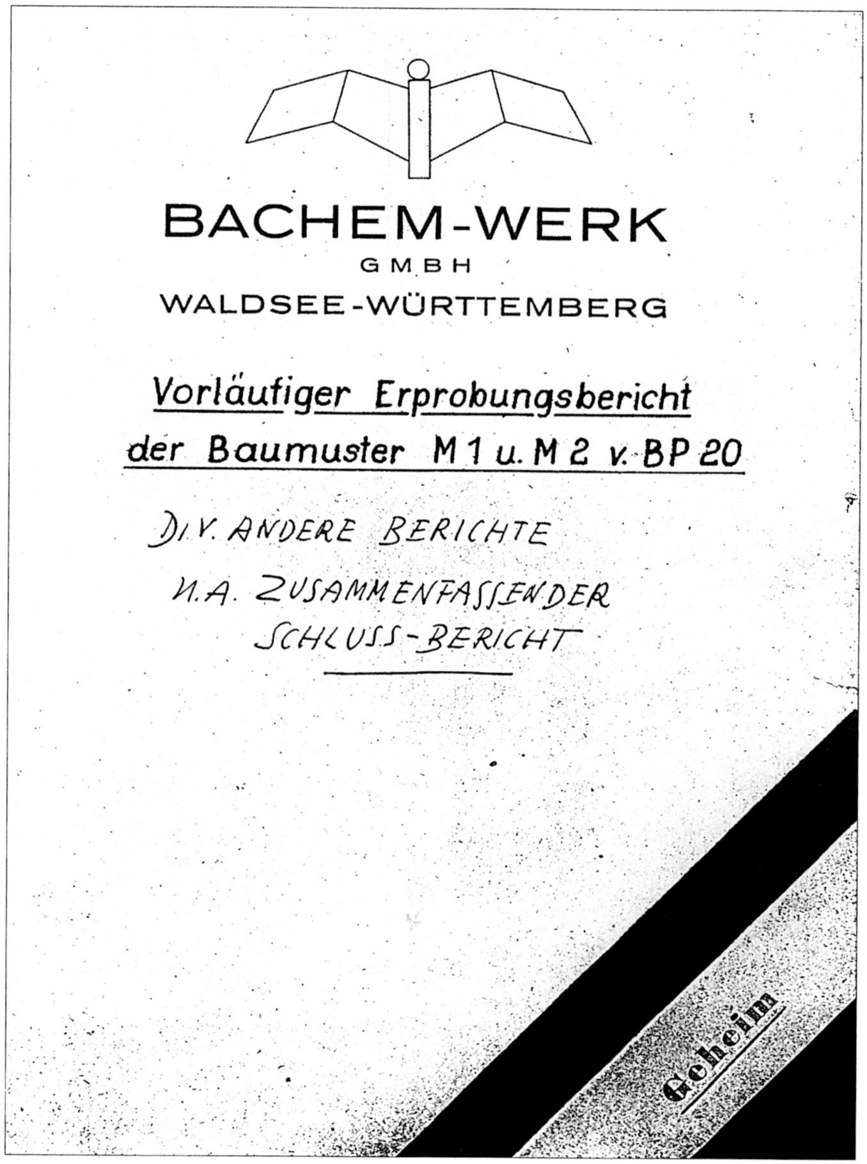

BACHEM-WERK
GMBH
WALDSEE-WÜRTTEMBERG

Vorläufiger Erprobungsbericht
der Baumuster M 1 u. M 2 v. BP 20

DIV. ANDERE BERICHTE
U.A. ZUSAMMENFASSENDER
SCHLUSS-BERICHT

Geheim

Kurzer vorläufiger Erprobungsbericht über Durchführung der ersten Flugversuche mit BP 20 M 1 und M 2

Beschreibung der Versuchsmuster

1.) Baumuster 1

Normale äussere Form, Handsteuerung, Sicherheitsschirm, Bremsschirm, Ausstiegsmöglichkeit durch vergrösserte Einstieghaube.

2.) Baumuster M 2

Rumpf ohne Flügel, lediglich mit Höhen- und Seitenleitwerk, Bremsschirm, festgestellte Ruder, mechanische Schnelltrennvorrichtung für Bug.

Durchführung der Versuche

3.) Die Versuche wurden vom DFS Ainring in Zusammenarbeit mit der Firma Bachem-Werk durchgeführt. Infolge der noch notwendigen Einbauten und baulichen Veränderungen an den zum Start und Flug notwendigen Sondervorrichtungen (z.B. Startwagen mit lenkbarem Bugrad, Anpassen und Änderung der Aufhängung der M 2 unter He 111, Verringerung der Spannweite des Höhenleitwerks usw.), durch häufigen Fliegeralarm und Schlechtwetterperioden sowie durch die Tatsache, dass die Versuche in Neuburg und in Ainrin stattfanden, ergaben sich hinsichtlich der Erprobung Terminverzüge.

Erprobung Baumuster 1

Zweck des Versuches

4.) Messung von ungefähren Steuerkräften, Erprobung des allgemeinen Flugverhaltens im Tragschlepp unter bezw. hinter He 111 bei Fluggeschwindigkeiten zwischen 160 und 300 km/h. Erprobung des Herauskommens von Sicherheits- und Bergungsschirm.

Versuchsablauf und vorläufige Ergebnisse

5.) Ort: Neuburg/Donau, Tag: 3.11.44. Start mit Hilfe von Startwagen. Startwagen und BP 20 durch Tragschleppkupplung miteinander verbunden. Auslösung bezw. Trennung von Startwagen und Maschine durch Flugzeugführer der M 1.

- 2 -

6.) Beim Rollen am Boden saubere Gradführung des Wagens. Nach Abheben von M 1 mit Wagen in ca. 3 m Höhe Abwurf des Wagens und Freiflug von M 1 als Sonde. Fluglage M 1 fast senkrecht unter He 111 bei teilweisem pendeln in x-Richtung (60-100°).

7.) Bei einer Fluggeschwindigkeit von 200 km/h sind Ruderwirksamkeiten um alle 3 Achsen spürbar. Die Seiten- und Höhenruderwirksamkeiten erscheinen bei den geflogenen Geschwindigkeiten in Ordnung zu sein.

8.) Querruderhandkraft bei Vollausschlag mit 200 km/h ca. 2 kg.

9.) Höhenruderhandkraft bei einer Geschwindigkeit von 280 km/h bei halbem Ausschlag ungefähr 2 kg.

10.) Bei einer Fluggeschwindigkeit von 200 km/h überprüfen des ca-Verlaufes und Überziehverhaltens. Hierbei langsames Hochsteigen der Maschine, dabei Entlastung des Seiles, jedoch bei halbem Höhenruderausschlag Aufbäumen und Durchfallen ins Schleppseil (Abreissen der Strömung am Flügel).

11.) Das Aufbäumen bei halbem Höhenruderausschlag und das Weiterdrehen in noch grössere Anstellwinkelbereiche lassen sich nur durch Instabilität erklären. Diese Erklärung ist durch die Rechnung bestätigt, wonach das Flugzeug bei einer Schwerpunktlage von 33 % instabil ist, da der Indifferenzpunkt etwa bei 24 % liegt.

12.) Die Querruderwirksamkeit und die Schieberollmomente konnten nicht gemessen werden, da Flugschlepplage nicht geflogen wurde. Auf Grund der unter 11.) dargelegten Erscheinungen hatte der Flugzeugführer Bedenken, einen neuen Versuch, in Flugschlepplage zu gelangen, zu machen, da ein erneutes Hineinfallen ins Schleppseil unter Umständen einen Bruch der Maschine zur Folge gehabt hätte.

13.) Ein Auslösen der Fallschirme erfolgte nicht, da in Tragschlepplage durch den Öffnungsstoss (Sollbruchstelle 400 kg) zu starke Pendelungen in x-Richtung zu erwarten waren.

<u>Zusammenfassung und Folgerungen</u>

14.) Es kann schon jetzt gesagt werden, dass die Ergebnisse des Flugversuches mit den gerechneten Werten, soweit sie nachgeflogen wurden, übereinstimmen. Das Überziehverhalten wird durch die Erprobung von M 3, welche eine Aufhängung in 11 und 24 % vorsieht, besser zu prüfen sein und es steht zu erwarten, dass dann auch eine Flugschlepplage der M 3 hinter He 111 möglich sein wird.

15.) Im übrigen hat sich gezeigt, dass die He 111 infolge ihrer Langsamkeit im Vergleich zu der späteren Normalgeschwindigkeit der BP 20 für Ruderkraftmessungen, prüfen des Überziehverhaltens usw. nicht voll geeignet ist. Ausserdem ist sie als Trägerflugzeug bei Mistelanordnung der BP 20 infolge der zu geringen Unterbringungsfreiheit unbrauchbar (verwendbar nur zur Erprobung der Fallschirmauslösung und der Bugtrennung).

Erprobung Baumuster 2

Zweck des Versuches

16.) Erprobung von Bremsschirm und Bugtrennvorrichtung. Feststellung der durch Entfaltungsstoss des Bergungsschirms auftretenden Beschleunigungen.

Versuchsablauf und vorläufige Ergebnisse

17.) Ursprünglich war vorgesehen M 2 im Tragschlepp zu erproben und abzuwerfen. Während der Erprobung von M 1 entstanden jedoch vom DFS Bedenken, dass beim Start der Körper, da unbemannt, nach dem Abheben vom Startwagen beim Durchpendeln Bodenberührung bekäme. Auf Grund dieser Überlegung wurde beschlossen, die M 2 in Mistelanordnung unter He 111 in die Luft zu bringen und dann abzuwerfen.

18.) Der Versuch wurde unbemannt durchgeführt, d.h. anstelle des Führers wurde in die M 2 eine mit Fallschirm ausgerüstete Puppe gesetzt. Die Auslösung der Trennvorrichtung, der Messgeräte und des Puppenfallschirmes geschah durch Zeitauslöseuhren bezw. Sprengbolzen.

19.) Der Abwurf erfolgte am 7.11. in Ainring aus einer Höhe von 500 m. Der Körper kam einwandfrei von der He 111 frei, drehte sich mehrmals um die Längsachse und fiel ohne dass sich der Schirm öffnete bezw. die Trennung des Bugs erfolgte, bis zum Aufschlag auf den Boden durch.

20.) Aus der Untersuchung des Bruchs ergab sich, dass die Sprengbolzen, welche die Bremsschirmauslösung bezw. die Trennvorrichtung freigaben, beide gezündet hatten und gebrochen waren. Die Zeitauslöseuhren des Sprengbolzens hatten ebenfalls gearbeitet, woraus folgt, dass die Trennvorrichtung versagte. Für das Versagen der Trennung können 2 Gründe massgebend sein.

21.) Erster Grund: Die Federkraft der Feder, welche die Handkraft des Piloten ersetzte (50 kg) hatte nicht ausgereicht, die Trennung zu gewährleisten, d.h. die Luftkräfte waren grösser als zu erwarten war, denn ein Trockenversuch in Waldsee hatte ergeben, dass am Stand eine Trennung durch die Feder einwandfrei erfolgte.

- 4 -

22.) Zweiter Grund: Die Puppe ist bei der Drehung der M 2 um die Längsachse in die Trennvorrichtung gefallen und hat diese auf irgend eine Weise blockiert.

Zusammenfassung und Folgerungen

23.) Die Trennvorrichtung muss umkonstruiert werden (bei B-Ausführung bereits vorgesehen).

24.) Weitere Versuche, zunächst ohne Puppe werden durchgeführt, wobei auch die Rückstosskräfte beim Beschuss der Bordbewaffnung zu berücksichtigen sind.

25.) Für die Kommenden Versuche sind die Muster mit Tragflächen zu versehen, damit eine Drehung um die Längsachse nach Möglichkeit vermieden wird.

Waldsee, den 10.11. 1944

Der Sachbearbeiter

BACHEM-WERK GMBH
WALDSEE - WÜRTTEMBERG

Verteiler:

OKL	(General-Ing. Herrmann)
OKL Chef TLR Fl-E 2	(Flugbaumeister Malz)
OKL Chef TLR Fl-E 2	(Fliegerstabsing. Czolbe)
OKL	(Stabsing. Reyle)
OKL Versuchsverband	(Ing. Schaller)
Büro Lusser	(Dir. Lusser)
Bachem-Werk 3 x	

Te 2/44
Deckblatt

Erprobungsbericht BP 20 M 5 – M 7

10

Geheim Nr. 73

Zusammenfassung:

Die Erprobung der Baumuster M 5, M 6 und M 7 hat grundsätzlich die Möglichkeit bestätigt, den Flugzeugführer durch Trennung des Bugs vom Heck und Verzögerung des Hecks durch Fallschirmbremsung zu retten.
Untersucht wurden folgende Anordnungen:
1. Lösung des Bugs und Freikommen des Flugzeugführers im Augenblick des Entfaltungsstosses der Bergungsschirme

2. Lösung des Bugs und Verzögerung des Hecks durch Entfaltungsstoss von gerefften Bergungsschirmen (Flugzeugführer bleibt angeschnallt). Anschliessend Entreffung der Bergungsschirme und Herausfallen des nun losgeschnallten Flugzeugführers aus dem Führersitz.

Es hat sich gezeigt, dass beide Anordnungen praktisch möglich und durchführbar sind, wobei der 1. Anordnung der Vorzug gegeben werden muss, weil sie technisch einfacher ist und den Flugzeugführer weniger belastet.
Das Freikommen des Flugzeugführers vom Heck geschah bei allen drei Versuchen in genügend grossem Abstand vom Bug, der schon allein durch die Luftkräfte dem Flugzeugführer um eine 1/2 – 1 Rumpflänge voraneilt.
Die gewählte technische Anordnung für die Bugtrennung und die Betätigung der Bergungsschirme ist funktionsmässig in Ordnung.

Die Beschädigungen des an den Bergungsschirmen zur Erde kommenden Hecks sind so gering, dass mit Sicherheit für später eine Rettung des Triebwerks erwartet werden kann.

Verteiler:

1 x OKL Chef TLR-Fl-E (Generaling. Herrmann)
1 x OKL Chef TLR-Fl-E 2 (Flugbaumeister Malz)
1 x OKL Chef TLR-Fl-E 2 (Flieger-Stabsing. Czolbe)
1 x OKL (Flieger-Stabsing. Royle)
1 x OKL Versuchsverband (Ing. Schaller)
1 x Büro Lusser (Dir. Lusser)
1 x E-Stelle Rechlin E 5 IV
1 x E-Stelle Rhg. E 2
1 x FGZ Stuttgart
1 x Fa. Schröder, Berlin
3 x Bachemwerk
1 x SS Führungshauptamt X
1 x E-Stelle Rechlin E 6 B

BACHEM-WERK GMBH
WALDSEE-WUERTTEMBERG

Te Dunke 7.12.44

Tc 2/44
Blatt 1

<u>Erprobungsbericht Nr. 20 M 5 – M 7</u>

<u>I n h a l t :</u>

1. <u>Zusammenfassung:</u> Siehe Deckblatt.

2. <u>Zweck der Erprobung:</u>

   I. Untersuchung der Rettungsmöglichkeit des Flugzeugführers.
   II. Funktionserprobung der Bugtrennvorrichtung mit verschiedener Ausbildung der Trennstelle.
   III. Funktionserprobung der Bergungsschirme.
   IV. Untersuchung der Zellenbeschädigungen beim Aufschlag des Hecks auf die Erde (Triebwerksbergung).
   V. Messung der Verzögerung des Hecks beim Entfaltungsstoss der Bergungsschirme.

3. <u>Ausführung der Baumuster:</u>

<u>M 5</u>

Normale Rumpfausführung.
Trennstelle abgesetzt zwischen Spant 5, 6 u. 7
Panzerplatte
Drei Verbindungsstellen zwischen Bug und Heck mit je 2 Sprengbolzen, zwei Zeitauslöseuhren.
Zwei Fallschirmkästen im Rumpf unter dem Flügel
Mistelaufhängung
Leitwerk ohne Ruder verkürzt auf 1600 mm Sp.w.
Flügel mit 3200 mm Spannweite.
ohne Triebwerk dafür Ausgleichsgew.
ohne Waffen und Munition durch Sandkästen
Zwei ungereffte Bergungsschirme in Holzbehältern, durch einen Deckel abgeschlossen und mit Sprengbolzen gehalten
Puppe mit Fallschirm und Zeitauslöseuhr
Gesamtgewicht: 6700 kg; S-Lage in 20 % Fl.Tiefe
Heckgewicht: 3000 kg

M 6

wie M 5
Trennstelle gerade zwischen Spant 6 und 7
2 ungereffte Bergungsschirme in Leinwandsäcken
Gesamtgewicht: 665,0 kg; S-Lage in 15% Fl.Tiefe
Heckgewicht: 294,8 kg

M 7

wie M 5
Trennstelle schräg zwischen Spant 5 und 7
ohne Panzerplatte
Flügel mit 3600 mm Spannweite
2 gereffte Bergungsschirme mit Kappleine und mechanischem Zeitzünder
Anschnallgurte mit Zeitauslöseuhr für Puppe
Beschleunigungsschreiber
Gesamtgewicht: 624 kg; S-Lage in 15% Fl.Tiefe
Heckgewicht: 294,0 kg

4. Erprobungsdurchführung:

Baumuster M 5 und M 6: Das Gerät wurde als Mistel unter eine He 111 H 16 mit umgebautem F-03-Einbau gehängt und aus 500 m Höhe aus dem Horizontalflug mit einer Geschwindigkeit von 250 km/h abgeworfen. Gleichzeitig mit dem Abwurf wurden 2 Zeitauslöseuhren mech. ausgelöst, die -auf 3 sec eingestellt- über 2 Stoppschalter den Stromkreis für die Sprengung der Sprengbolzen schlossen. Hierdurch wurde gleichzeitig die Verbindung zwischen Bug und Heck gelöst und der Fallschirmkastendeckel geöffnet. Der Deckel brachte beide Schirmpakete zum Auswurf und zog nach Streckung die Holzbehälter bezw. die Leinwandsäcke von den Schirmen ab. Das Heck fiel an den geöffneten Bergungsschirmen hängend zur Erde. Durch die Verzögerung des Hecks infolge Entfaltungsstoss der Schirme trennten sich Bug und Puppe vom Heck. Bei der Trennung von Heck und Puppe wurde die Zeitauslöseuhr des Puppenfallschirmes mech. ausgelöst, die nach 2 sec Laufzeit den Fallschirm betätigte. Der Abwurf der M 5 wurde mit Normalfilm (28 Aufn./min) und mit Schmalfilm (64 Aufn./min) gefilmt.

Baumuster M 7: Das Gerät wurde ebenfalls als Mistel aus 600 m Höhe aus dem Horizontalflug mit einer Geschwindigkeit von 250 km/h abgeworfen. Mit dem Abwurf wurden die Zeitaus-

Te Dumke 7.12.44.

M 6

Ort: Tr.Üb.Pl. Heuberg
Datum: 3.12.44.
Ergebnis: Das Gerät flog nach dem Abwurf in ruhigem Gleitflug mit etwas geringerer Bahnneigung als M 5. Nach etwa 3 sec erfolgte die Bugtrennung und Lösung des Deckels der Bergungsschirme. Bug und Puppe kamen genauso frei wie M 5. Die Bergungsschirme entfalteten sich beide voll mit einem Zeitabstand von etwa 1 sec. Das Heck kam an den Schirmen hängend zur Erde, ein Pendeln der Schirme war trotz der herrschenden Windgeschwindigkeit von etwa 50 km/h nicht zu beobachten. Die Puppe kam an ihrem Schirm hängend zur Erde.
Befund am Boden: Freistehendes Oberteil des Trennspantes mit Einstieghaube abgebrochen. Deckel des Sandkastens abgerissen. Seitenflosse leicht beschädigt. Bug ist restlos zerstört und liegt etwa 300 m vor dem Heck. Abstand von Landepunkt Heck und Puppe wie bei M 5. Kastendeckel unbeschädigt, Schirmsäcke sind noch am Kastendeckel.

M 7

Ort: Tr.Üb.Pl. Heuberg
Datum: 5.12.44.
Ergebnis: Das Gerät rollte nach dem Abwurf etwa 15° um die Längsachse nach links und flog mit einer Bahnneigung von etwa 30°, bis die Bugtrennung und Lösung des Deckels der Bergungsschirme erfolgte. Buglösung wie bei M 5 und M 6. Nach Auswurf der Bergungsschirme entfalteten sich diese gerefft. Etwa 7 sec nach Buglösung fiel die Puppe heraus, bevor die Entreffung der Bergungsschirme erfolgte. Die Schirme entrefften nicht gleichzeitig. Der zuerst entreffte Schirm riss vom Heck ab. Das Heck fiel an dem 2. völlig entrefften Schirm pendelnd zur Erde. Die Puppe kam an ihrem Schirm hängend zur Erde.
Befund am Boden: Führersitz bis zum Rückenspant zerstört. Deckel des Sandkasten abgerissen. Leitwerk leicht beschädigt. Das Seil des zuerst entrefften Bergungsschirmes aus der Aufhängekausche im Rumpf herausgerissen. Beschleunigungsschreiber äusserlich unbeschädigt. Bug restlos zerstört. Abstand der Landepunkte Heck und Puppe etwa 100 m.

Te Dumke 7.12.44.

Erprobungsbericht BP 20 M 5 – M 7.

löseuhren für die Sprengung der Sprengbolzen mech.ausgelöst,Laufzeit der Uhren 3 sec. Gleichzeitig lief der Motor des Beschleunigungsschreibers an. Bei der Streckung der ausgeworfenen Bergungsschirme wurden die auf 5 sec Laufzeit eingestellten Zeitzünder mech.ausgelöst,die über ein Kappmesser die Reffleinen der Bergungsschirme kappten.und so eine völlige Entreffung der Bergungsschirme zuliessen.Bei der Trennung des Bugs vom Heck infolge Entfaltungsstoss der gerefften Bergungsschirme wurde die Zeitauslöseuhr der Anschnallgurte der Puppe mech. ausgelöst.Sie löste nach 7 sec die Anschnallgurte der Puppe, sodass diese aus dem Heck,welches nun an den ganz entrefften Schirmen hing,herausfallen konnte.Beim Herausfallen wurde die Zeitauslöseuhrddes Fallschirms mech. ausgelöst und betätigte denselben nach weiteren 2 sec . Der Abwurf wurde mit Normalfilm (28 Aufn./min) gefilmt.

5. Erprobungsergebnis:

Ort: Tr.Üb.Pl.Heuberg
Datum: 2.12.44.
Ergebnis: Das Gerät flog nach dem Abwurf mit einer Bahnneigung von 15 – 20° in ruhigem Gleitflug.Nach etwa 3 sec erfolgte die Trennung des Bugs vom Heck und die Lösung des Deckels der Bergungsschirme.Der Bug kam frei bevor die Bergungsschirme sich öffneten bezw.zur Streckung kamen.Die Puppe kam aus dem Führersitz heraus, als der Streckstoss der Schirme erfolgte.Abstand der Puppe vom Bug etwa 1/2 – 1 Rumpflänge. Ein Bergungsschirm entfaltete sich voll und riss sofort vom Heck ab.Der 2. Bergungsschirm entfaltete sich nicht,sondern kam erst kurz vor dem Aufschlag des Hecks auf die Erde zur teilweisen Öffnung.Das Heck kam senkrecht auf die Erde ~~auf,kippte~~ um und fiel auf das Leitwerk. Die Puppe kam an ihrem Fallschirm hängend zur Erde.
Befund am Boden: Führersitz bis Rückenspant zerstört.Deckel des Sandkastens abgerissen.Eine Leitwerksflosse beschädigt.Das Seil des zuerst geöffneten Bergungsschirmes aus der Befestigungskausche im Rumpf herausgerissen. Jn dem 2.Bergungsschirm hatten sich die beiden Schirmbehälter verfangen. Die Verbindung der Schirmbehälter mit dem Kastendeckel war abgerissen,der Kastendeckel in der Mitte durchgebrochen.Abstand der Landepunkte von Heck und Puppe betrug etwa 100 – 150 m . Der Bug war nicht auffindbar.

Te Dumke 7.12.44.

6. Auswertung der Erprobungsergebnisse:

Die Erprobung hat gezeigt, dass der Vorgang der Bugtrennung und des Freikommens des Flugzeugführers einwandfrei vorsich geht. Bei allen drei Abwürfen kam die Puppe ungestört und in genügendem Abstand vom Bug frei. Die Tatsache, dass sich der Bug vor dem Entfaltungsstoss der Schirme vom Heck trennt, bestätigt die Theorie, dass an dem Bug eine nach vorne gerichtete Luftkraft angreift, die den Bug vom Heck trennt, bevor das Heck durch die Bergungsschirme abgebremst wird. Die Ausbildung und Lage der Trennstelle zeigte keinen Einfluss auf die Funktion der Bugtrennung. Das Auswerfen der Bergungsschirme bis zum Streckvorgang war bei M 6 und M 7 einwandfrei, während sich bei M 5 die Holzbehälter im Schirm verfingen und verhinderten, dass der 2. Schirm sich öffnete. Das Abreissen des Schirmes bei M 5 und M 7 ist auf die ungenügende Festigkeit der Seilverbindung zurück zu führen. Die Zellenbeschädigungen waren so gering, dass mit Sicherheit damit gerechnet werden kann, dass später das Triebwerk weitgehendst gerettet wird. Das Gewicht des Hecks entsprach zwar nicht dem entgültigen Heckgewicht mit Triebwerk, Steuerung und Automatik, jedoch zeigten auch die geringen Beschädigungen der Geräte, die nur an einem Schirm zur Erde kamen, dass die Triebwerksrettung mit grosser Wahrscheinlichkeit erwartet werden kann.
Die Auswertung der Filme und des Beschleunigungsschriebes lag bei Abfassung dieses Erprobungsberichtes noch nicht vor. Sie wird in einem zusätzlichen Bericht nachgereicht werden.

Te Dumke 7.12.44.

BACHEM-WERK G.M.B.H.
WALDSEE-WÜRTT.

Erprobungsbericht M 21

Tp 52/44
Blatt 1

Geheim
Nr.80

Jnhalt:

Der Bericht umfasst. 4. .Seiten.

I. Zusammenfassung:

1. Die Hebevorrichtung zum Einführen des Gerätes in die Lafette ist zu verbessern.
2. Das Gerät ist beim Einbringen in die Lafette zu führen.
3. Die Zündung der Startraketen funktionierte einwandfrei.
4. Die Startfalle gab das Gerät infolge Nichtzündens der Sprengbolzen nicht frei.
5. Das Versagen der Sprengbolzen ist auf eine gegen die Wärmewirkung der Raketen ungeschützte Leitungsverlegung zurückzuführen.

II. Zweck der Erprobung:

1. Erprobung des Bodengerätes.(Lafette,Transport usw.)
2. Erprobung der Raketen.(Zündung,Befestigung,Abbrand)
3. Erprobung der Startfalle.(Funktion)
4. Steilstarterprobung ohne Triebwerk.

III. Ausführung der Baumuster:

Normale Rumpfausführung mit fester Trennstelle ohne Panzerplatte und ohne Bergungsschirme. Ruder fest. Höhenleitwerk 550 mm über WE. Spannweite b_H= 2300 mm. Spannweite Seitenleitwerk b_S= 2405 mm. Führungsschuh an der unteren Seitenflosse. Ohne Steuerung. Flügel 100 mm unter WE. b=3600 mm. 4 Starthilfen. SG 34/1200 kg/sec am Heck angebracht. Ausgleichsgewichte in Bug und in Führerraum. Schwerpunktsrücklage 145 mm hinter Flügelvorderkante. Schwerpunktshochlage 75 mm unter Mitte Tragfläche. Startgewicht G= 1532 kg.

Abteilung: Tp Bearbeiter: Be. Datum: 20.12.44.

51-4/44-3-E O/1064

BACHEM-WERK G.M.B.H. WALDSEE-WÜRTT.	Erprohungsbericht M 21	Tp 52/44 Blatt 2

IV. Erprobungsdurchführung:

1. Das Gerät wurde mit Hilfe eines Heissgeschirrs in die Lafette eingeführt. Hierbei zeigten sich verschiedene Mängel am Aufbau der Heissvorrichtung. Beim Transport des Gerätes macht sich das Fehlen geeigneter Transportwagen bemerkbar.

2. Erprobung der Raketen.
Die Raketen waren fest am Rumpf befestigt, die Düsen so eingestellt, dass die Strahlachse mit einer Toleranz von 10 mm durch den Schwerpunkt zielte. Die Zündung der Raketen war parallel geschaltet. Batterieleistung 24 Volt. Die Zündung erfolgte aus Sicherheitsgründen aus einer Entfernung von etwa 60 m.

3. Erprobung der Startfalle.
Die Startfalle war nach untenstehenden Skizze ausgeführt.

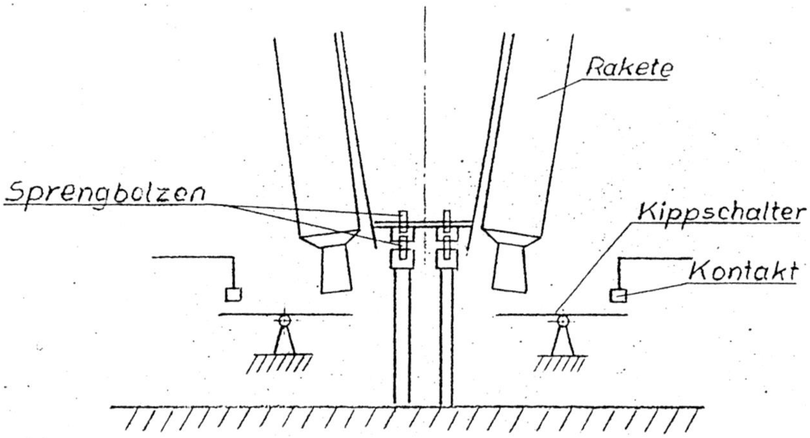

Durch den Raketenstrahl werden die Kippschalter umgelegt, wodurch der Stromkreis zu den Sprengbolzen geschlossen ist, wenn alle Raketen gezündet haben. Ausserdem wurde noch eine Leitung direkt zu den Sprengbolzen gelegt, wodurch die Sprengbolzen bei Versagen der Kippschalter noch gezündet werden könnten.

4. Steilstarterprobung.
Durch Versagen der Startfalle konnte die Steilstarterprobung nicht durchgeführt werden.

Abteilung: Tp Bearbeiter: Be. Datum: 20.12.44.

51-4/44-3-E Q/1064

BACHEM-WERK G.M.B.H. • WALDSEE-WÜRTT.

Erprobungsbericht M 21

Tp 52/44
Blatt 3

V. Erprobungsergebnis:

1. Erprobung des Bodengerätes.
a) Durch Fehlen einer geeigneten Heissvorrichtung war es nicht möglich, das Gerät mit dem Lafettenkran in die Senkrechte Lage zu bringen. Die verwendete Heissvorrichtung war nur geeignet für das Auswiegen und für den Transport der Maschine, aber nicht zum Einführen der Maschine in die Lafette.
b) Der Lafettenkran hat einen zu kurzen Ausleger, dadurch wird das Gerät beim Hochheben zu stark an die Lafette herangezogen.
c) Es erwies sich als zweckmässig eine Gleitbahn als Führung zum Einbringen der Seitenflossenführung in die Lafettenschiene anzubringen.
d) Für den Transport und das Abstellen des Gerätes sind geeignete Pallungen herzustellen.
2. Erprobung der Raketen.
Die Zündung der Raketen erfolgt einwandfrei.
3. Erprobung der Startfalle.
Die Sprengbolzen zündeten nicht obwohl sofort nachdem erkannt wurde, dass die Automatik nicht funktionierte, der Selbstschalter betätigt wurde.

VI. Schlussfolgerung:

1. Erprobung des Bodengerätes.
a) Das Gehänge für die Heissvorrichtung ist zu ändern.
b) Die Ausleger für den Lafettenkran sind zu verlängern.
2. Erprobung der Raketen.
Die Befestigung und die Zündung der Raketen war befriedigend.
3. Erprobung der Startfalle.
a) Die Kippschalter müssen so konstruiert werden, dass der Kontakt nach Ausschlagen des Kippschalters geschlossen bleibt.
b) Die Leitungen sind so zu verlegen, dass sie ausserhalb des Feuerbereichs der Raketen liegen.
Das Versagen der Startfalle ist wahrscheinlich
   1. auf nicht einwandfreies Schliessen der Kippschalter (vibrieren),
   2. auf das Durchbrennen der Zündleitungen zurückzuführen.
c) Es ist zu empfehlen, als zusätzliche Sicherung eine mechanischbetätigte Startfalle (LS-Kupplung) anzubringen.

Abteilung: Tp   Bearbeiter: Be.   Datum: 20.12.44

51-4/44-3-E   O/1084

BACHEM-WERK G.M.B.H.
WALDSEE-WÜRTT.

Erprobungsbericht M 21

Tp 52/44
Blatt 4

Verteiler:

1 x OKL Chef TLR-Fl-E
1 x OKL Chef TLR-Fl-E (Reyle)
1 x OKL Chef TLR-Fl-E 2
1 x OKL Chef TLR-Fl-E 6
1 x E-Stelle Karlshagen E 2
1 x E-Stelle Karlshagen (Typenbegleiter)
1 x SS-Führungshauptamt Abtlg. X über Jng.Schaller
1 x Büro Lusser
4 x BWW
1 x Berliner Vertretung.

Waldsee,den 20.12.44.

Der Sachbearbeiter:

B A C H E M - W E R K GMBH
W A L D S E E - WÜRTTEMBERG

Abteilung: Tp Bearbeiter: Be. Datum: 20.12.44.

51-4/44-3-E O/1084

G e h e i m !

Erprobungskommando Ochsenkopf,den27.12.44
Bachem-Werk/ Waldsee
Bezug: ohne
Betr.: Abschuß M 16 am 22.12.44

E r p r o b u n g s b e r i c h t E 1/44.

1. Das Einbringen des Gerätes in die Lafette bereitete keine Schwierigkeiten.(Stand der Lafette 90°).
2. Zeitdauer etwa 1 Stunde.
3. Zur Erleichterung der Flügeleinführung ist es erforderlich, daß die hinteren Gleitflächen der Führungsschienen etwa 300mm verlängert werden.
   Durchführung der Arbeiten durch Teb.
4. Die unteren Abstützstreben der Führungsschienen an der Lafette stehen etwa 2 - 3 cm über,sodaß beim Einführen die Randbogen beschädigt werden können.
   Abhilfe: Absägen der überstehenden Teile.
   Durchführung: Teb
5. Zur besseren Einführung ist am vorderen unteren Bugteil ein schnell montierbarer Abstützklotz anzubringen um Beschädigungen zu vermeiden.
   Durchführung: Teb
6. Bei bemannten Abschuß ist die Anbringung eines Laufsteges seitlich der hinteren Lafette bis zum Führersitz erforderlich,zur Erleichterung des Einstieges u.Verlassen des Führersitzes bei Fehlstart.Der flugzeugseitige Teil des Steges muß zum Start hochzuklappen sein.
   Durchführung: Teb
7. Durch innzellig falschen Anschluß der Zündleitungen verzögerte sich der Abschuß um Stunden.Es wurden sämtliche möglichen Schaltungen durchprobiert,jedoch ohne Erfolg.Erst nach Erhöhung der Zündspannung auf 48 Volt unter Beibehaltung der Schaltung Nr.1 (Verdrillung der Kabel je Zündkörper),erfolgte der Abschuß.
   Folgerung:
   a.)Der Querschnitt der Zündleitung(schweres Feldkabel,Igelit-Kabel 44 - 48 Ohm auf 1000 m Länge) war zu gering,sodaß der Leitungswiderstand der 60 m langen Zündleitung zu hoch war und somit die Zündung der Raketen wegen zu großen Spannungsabfall nicht erfolgen konnte.Alle angewendeten Schaltungen hätten zum Erfolg führen müssen,wenn die Spannung ausgereicht hätte.
   b.)Als weitere vermutliche Ursache der Störung kommt eine zu große Pressung des Zündkuchens durch zu festes Anziehen der Überwurfmutter am Raketenboden infrage.
   Abhilfe:
   a.)Verlegung einer mindestens 1,5 qmm Zündleitung und 24 Volt Akkumulator.
   b.)Leichteres Anziehen der Überwurfmuttern
   Durchführung: Teb
8. Der Abschuß erfolgte unter Ausnützung der gesamten Führungslänge der Lafette.
9. Das Gerät stieg frei,ohne jedes Kippmoment aus der Lafette (Beschleunigung ca.2 g) erreichte eine Gipfelhöhe von etwa 4 - 600m und erhielt bei entsprechender Bahnneigung in etwa 2 - 3 km Entfernung Bodenberührung.Beim Verlassen der Lafette war eine rechtsseitige Versetzung zu beobachten.

10. Nach Augenschein arbeitete eine Rakete nicht, eine zweite nur stoßweise und brannte erst am Boden restlos aus, sodaß der Abschuß nur mit zwei voll schiebenden Raketen erfolgte.

11. Bei der Bodenberührung erfolgte eine starke Detonation, wahrscheinlich hervorgerufen durch Explosion der Pulverreste von 3 Raketen. Das Gerät wurde vollkommen zerstört. An der Aufschlagstelle wurde ein Loch von ca. 0,50 m Tiefe festgestellt. Die Teile des Gerätes lagen im Umkreis von 50 m rechts der Aufschlagstelle.

12. Im Einzelnen wurde festgestellt:
    a.) An der Rakete 1 war infolge Bodenberührung der Mantel vollkommen zerrissen, 1/3 desselben war nur noch auffindbar. Die Innenseite des Mantels zeigte keinerlei Brandstellen, desgleichen die Abstrahldüse. Die unverbrannte Füllung wurde zum Teil noch vorgefunden.
    b.) Bei der Rakete 2 war der Boden abgerissen und der Mantel aufgeplatzt. Die Füllung war restlos verbrannt, die Abstrahldüse zeigte Brandstellen.
    c.) An der Rakete 3 war ebenfalls der Boden abgerissen und der Mantel aufgeplatzt. Die Abstrahldüse zeigte Brandstellen. Die Füllung war restlos verbrannt.
    d.) Die Rakete 4 war soweit unbeschädigt, der Körper war nur etwas eingebeult. Die Abstrahldüse zeigte Brandstellen. Die Füllung war restlos verbrannt.
    e.) Die angebrachten Bleche an den Abstrahldüsen zum Schutze des Rumpfes zeigten keinerlei Brandstellen. Es muß daher angenommen werden, daß die Abstrahldüsen seitlich nicht abgeblasen haben.
    f.) Die Befestigung im Rumpfende für die Fesselung wurde vorgefunden. Die Sollbruchstelle mit Verbindungsstange und dem unteren Abschluß waren nicht auffindbar.

Vorschlag:
Kennzeichnung der Raketen einschließlich der Abstrahldüsen mit:

L O	=	links oben
L U	=	links unten
R O	=	rechts oben
R U	=	rechts unten

um an Hand der übrigbleibenden Teile feststellen zu können welche Raketen gearbeitet bezw. nicht gearbeitet haben, und damit Rückschlüsse in Bezug auf die Bahnneigung und die seitliche Versetzung nachträglich ziehen zu können.

Verteiler:

3 x B
1 x Entwurf
4 x

[Unterschrift]
Hauptmann
Erprobungsleiter u. Kommandoführer.

BACHEM-WERK

GMBH

WALDSEE-WÜRTTEMBERG

Kurz - Erprobungsbericht

BP 20 Baumuster 16

Geheime Kommandosache

BACHEM-WERK G.M.B.H.
WALDSEE-WÜRTT.

Vorläufiger Kurz-Erprobungsbericht
von Gerät "Natter" Baumuster M 16

T 75/44
Geheim
Nr. 93

1.) Zusammenfassung

Der erste Steilstart auf Lafette mit festem Ruder und ohne Automatik hat grundsätzlich gezeigt: .

1. Ein Senkrechtstart ist auch möglich bei geringerer Beschleunigung als 2,95 g.
2. Unsymetrischer Schub, bedingt durch den Ausfall einer Rakete, hat keine Störung des Senkrechtfluges während des Startvorganges zur Folge.
3. Eine geringere Führungslänge der Lafette (weniger als 17 m) erscheint ausreichend.
4. Bauungenauigkeiten, welche bei Staudruck eine Drehung um die Längsachse erzeugen (verstellte Trimmbleche an den Flügelenden) wirken sich zu Beginn ebenfalls nicht störend auf den Senkrechtstart aus.
5. Geringer Seitenwind (6 m/s.) ist ohne Einfluss auf die Anfangsflugbahn.

2.) Zweck der Versuche

1. Erprobung der Raketen.
2. Erprobung der Lafette.
3. Untersuchung der Stabilität beim Startvorgang.
4. Allgemeine Beobachtung des Verhaltens beim Flug.

3.) Hauptdaten und Versuchsaufbau

Fluggewicht: G = 1630 kg
Schwerpunktslage: Bei 15 % Flügeltiefe
Schub: 4 x 1200 kg / 10 s. Raketen (Düsen Ø 48 mm)
Startbeschleunigung bei Vollschub b = 2,95 g
Führungslänge der Lafette: 17 m
Lufttemperatur: - 6 Grad C
Windgeschwindigkeit: ca. 6 m/s. (Seitenwind)

Startfalle mit Sollbruchstelle: 1800 kg und zusätzlicher mechanischer Auslösung durch LS-Kupplung (4 to)
An den Flügelenden waren Trimmbleche zur Erzeugung einer Drehung um die Lämgsachse angebracht.

4.) Versuchsdurchführung

Die Raketen waren unter sich parallel geschaltet. Die Stromzuführung erfolgte aus Sicherheitsgründen über ein ca. 60 m langes Doppelkabel, an dessen Enden eine Batterie von 24 V über einen Selbstschalter angeschlossen war. Durch die Tatsache, dass die aus den Düsen austretenden 4 Kabel nicht gekennzeichnet waren und die Stromaufnahme der Zünder nicht mit Sicherheit festgestellt werden konnte, war ein Anschliessen der Kabel und die Auslegung der Batteriespannung nur auf Verdacht möglich. Erst nach langwierigem Umschalten und Verstärken der Batteriespannung

- 2 -

Abteilung: Bearbeiter: Datum:

51-5/42-3-E   O/1084

auf 48 V, gelang es die Raketen zu Zünden. Infolge des fast völligen Aussetzens einer Rakete, welche praktisch keinen Schub leistete, war nur etwa 3600 kg Schub vorhanden, sodass die Startfalle sofort mechanisch ausgelöst wurde.

5.) <u>Versuchsergebnisse</u>

Nach Zünden der Raketen und Auslösung der Startfalle glitt die Maschine zunächst mit verhältnismässig geringer Geschwindigkeitszunahme (b = 2,25 g) in der Lafette hoch. Nach Verlassen der Lafette stieg die Maschine mit immer grösserer Geschwindigkeit, ohne jede Dreh- oder Kippbewegung einwandfrei senkrecht auf etwa 70 m. Nach ungefähr 70 m Steigen begann die Maschine langsam um die Längsachse zu drehen unter gleichzeitigem, allmählichem Kippen um die Hochachse in den Wind bezw. auf die Seite, wo beide Raketen einwandfrei abbrannten.

Die weitere Flugbahn der Maschine stellte eine flache Wurfparabel dar mit einer Scheitelhöhe von 800 m und einer Entfernung zwischen Startstelle und Aufschlagpunkt von 1,6 km KE. Beim Aufschlag platzten die Raketen. Von der Rakete, welche ungenügend brannte, wurden noch grosse Stücke unverbrannten Pulverpresslings aufgefunden.

6.) <u>Schlussfolgerung</u>

1. Das Verschalten der Raketen muss eindeutig möglich sein. Genaue Kennzeichnung der Kabelenden ist notwendig.
2. Die Stromaufnahme der Düseneinsätze und die notwendige Batteriespannung hat eindeutig festzuliegen.
3. Für Temperaturen unter 0 Grad müssen Düseneinsätze von 43,0 mm Ø verwendet werden.
4. Eine grössere Schwerpunktsrücklage erscheint tragbar.
5. Die Lafettenführung kann kürzer als 17 m gehalten werden.
6. Ein Aussteuern der Bauungenauigkeiten und der Ungenauigkeiten der Düseneinstellung ist voraussichtlich möglich.

7.) <u>Nachsatz</u>

Ein genauer und ausführlicher Versuchsbericht wird nach Auswertung der Kinoaufnahmen ausgearbeitet.

Waldsee, den 28.12.1944

Der Sachbearbeiter:

BACHEM-WERK GMBH
WALDSEE - WÜRTTEMBERG

<u>Verteiler:</u>

1 x OKL Chef TLR Fl-E (Hermann)
1 x OKL Chef TLR Fl-E (Reyle)
1 x OKL Chef TLR Fl-E 2 III (Czolbe)
1 x OKL Chef TLR Fl-E 6 (Hedwich)

2x E-Stelle Karlshagen E 2 (Meyer und Czerny)
1x E-Stelle Karlshagen E 2 (Typenbegleiter)
1x Leitbauaufsicht FK-Geräte
1x SS FHA Amt X über Ing. Schaller
1x Büro Lusser
6x BWW (B, T, To, Tov, Te, Berl. B

BACHEM-WERK

GMBH

WALDSEE-WÜRTTEMBERG

Kurz - Erprobungsbericht

BP 20 Baumuster 17

Geheime Kommandosache

BACHEM-WERK G.M.B.H.
WALDSEE-WÜRTT.

Vorläufiger Kurz-Erprobungsbericht von Gerät "Natter" Baumuster M 17

T 1/45

Nr. 1

1.) Zusammenfassung

Der zweite Steilstart auf Lafette mit festem Ruder und ohne Automatik hat folgende Ergebnisse des ersten Starts bestätigt:

1. Bauungenauigkeiten, dargestellt durch verstellte Trimmbleche an den Flügelenden, wirken sich zu Beginn des Startvorgangs nicht störend aus.
2. Geringer Seitenwind (3-5 m/s.) hat keinen nachteiligen Einfluss auf die Anfangsflugbahn.

Darüber hinaus konnten nachstehende Erkenntnisse zusätzlich gewonnen werden:

1. Eine Führungslänge der Lafette von 12,50 m ist ausreichend. Die nächsten Versuche werden zeigen, inwieweit man diesen Wert noch unterschreiten kann.
2. Die Schwerpunktslage, welche bei M 17 bei 25 % der Flügeltiefe gewählt wurde, wirkt sich auf den Startvorgang nicht nachteilig aus und ergibt auch später im Flug genügend Stabilitäten.

2.) Zweck der Versuche

1. Erprobung der Raketen.
2. Erprobung der Lafette.
3. Untersuchung der Stabilität beim Startvorgang.
4. Allgemeine Beobachtung des Verhaltens beim Flug.

3.) Hauptdaten und Versuchsaufbau

Fluggewicht: G = 1610 kg
Schwerpunktslage: Bei 25 % Flügeltiefe
Schub: 4 x 1200 kg / 10 s. Raketen (Düsen Ø 43 mm)
Startbeschleunigung bei Vollschub: b = 3,0 g
Führungslänge der Lafette: 12,5 m
Lufttemperatur: - 3 Grad
Windgeschwindigkeit: 3-5 m/s. aus Ost (Seitenwind)
Einstellwinkel der Trimmbleche an den Flügelenden: 22 Grad.

An den Flügelenden waren wieder Trimmbleche angebracht, um eine Drehung um die Längsachse im Fluge zu erwirken.
Eine Startfalle wie beim ersten Versuch war diesmal nicht vorgesehen.
Die Maschine war ausgerüstet mit einem im Heck angebrachten Bergungsschirm (Mun-C).

4.) Versuchsdurchführung

Die Raketen waren unter sich parallel geschaltet. Die Stromzuführung erfolgte über ein 60 m langes Doppelkabel, an dessen Enden eine Batterie von 48 V angeschlossen war. Beim Schliessen des Selbstschalters erfolgte bei allen 4 Raketen sofort ein Zünden und alle 4 Raketen brannten gleichmässig ab, d.h. es war sofort Vollschub (4800 kg) vorhanden.

Der Start der M 17 erfolgte am 29.12.44 12.34 Uhr auf dem Heuberg.

Abteilung: Bearbeiter: Datum: - 2 -

51-5/42-3-B C 1064

5.) Versuchsergebnisse

Nach Zünden der Raketen glitt die Maschine mit zunehmender Geschwindigkeit in der Lafette hoch und flog nach Verlassen der Lafette senkrecht weiter. Nach 3 s. begann die Maschine sich um ihre Längsachse zu drehen und beendete nach weiteren 2,2 s. die erste volle Umdrehung. Die nächsten Umdrehungen um die Längsachse erfolgten rascher, wobei die Maschine praktisch senkrecht bis auf ca. 2000-3000 m weiterstieg. Beim Abwärtsflug erfolgte durch Zeitauslösung das Öffnen des Bergungsschirmes. Der Bergungsschirm riss jedoch in ca. 700 m Höhe ab und zwar an der Stelle, wo das Seil um den Fangleinenring gelegt war. Beim Auftreffen auf den Boden ging die Maschine zu Bruch. Der Aufschlagpunkt lag 1,1 km in einer Richtung von 300 Grad vom Start entfernt. Der Fallschirm wurde völlig unversehrt in 1,2 km vom Start in Richtung 290 Grad gefunden. Der Kulminationspunkt wurde nach 25 s. erreicht, die Gesamtflugzeit betrug 52 s. Die aufgefundenen Raketen zeigten, dass alle Raketen völlig ausgebrannt waren. Ein Düsendurchbrenner wie bei den ersten 2 Versuchen trat diesmal nicht auf. Die Fallschirmaufhängung im Rumpf war festigkeitsmässig in Ordnung, bis auf das zu dünne bezw. zu scharf um den Leinenring geführte Seil.

6.) Schlussfolgerung

1. Die Festigkeit des Fallschirmseiles und der Befestigung am Leinenring muss überprüft und neu ausgebildet werden.
2. Die Zeitauslösung des Schirmes muss in Abhängigkeit vom Kulminationspunkt bezw. von der Geschwindigkeit automatisch gesteuert werden.
3. Für die weiteren Versuche dürfte eine Startfalle entbehrlich sein.
4. Eine noch grössere Schwerpunktsrücklage als 25 % erscheint unter Umständen noch tragbar.
5. Die Lafettenführung kann kürzer als 12,5 m gehalten werden.
6. Die Annahme, welche schon beim ersten Versuch getroffen wurde, dass ein Aussteuern der Bauungenauigkeiten und der Ungenauigkeiten der Düseneinstellung voraussichtlich möglich ist, wurde bestätigt.

7.) Nachsatz

Ein genauer und ausführlicher Versuchsbericht wird nach Auswertung der Kinoaufnahmen ausgearbeitet.

Waldsee, den 2.1.45

Der Sachbearbeiter:

B A C H E M - W E R K GMBH
W A L D S E E - WÜRTTEMBERG

Verteiler:

1 x OKL Chef TLR Fl-E (Hermann)
1 x OKL Chef TLR Fl-E (Reyle)
1 x OKL Chef TLR Fl-E 2 III (Czolbe)
1 x OKL Chef TLR Fl-E 6 (Hedwich)
2 x E-Stelle Karlshagen E 2 (Meyer und Czerny)
1 x E-Stelle Karlshagen E 2 (Typenbegleiter)
1 x Leitbauaufsicht FK-Geräte
1 x SS FHA Amt X über Ing. Schaller
1 x Büro Lusser
6 x Bachem-Werk (B, T, Tp, Tbv, Te, Berliner Büro)

Gr. 405 f. IX/8

Natter M 3

Versuchsbericht v. 14.12.44

3

Kto. Nr. F 11252

Versuchsleiter: Wrede
Beobachter: Wiesenhofer
Hoppe

Hilfsmannschaft: Kirschner
Volkmann

Filmaufnahmen v.Boden : Arnold
" i.d.Luft : Otto

Wetterlage: 9/1o bedeckt, Wolkenuntergrenze 9oo m; 2 m/s Ostwind

Aufgabe:

a) Flugerprobung im Tragschlepp

b) Flugvermessung im Normalschlepp

Besondere Änderung für Versuch:

1.) Anbau eines Bugradfahrwerkes.

2.) Einbauten für Messgeräteanschluss

Allgemeine Kennzeichen:

Fluggewicht	G	= 739 kg
Flügelfläche	F	= 3,6 m^2
" -spannweite	b	= 3,6 m
" -tiefe	t	= 1,o m
Flächenbelastung	G/F	= 2o5 kg/m^2
Mittl. Schwerpunktslage	X_s	= 24 %
Vord. Schwerpunktslage	X_{s1}	= 19 %
Hint. Schwerpunktslage	X_{s2}	= 29 %
X_z unter Aufhängung		= o,37o m
Aufhängepunkt		= 24 %
Spannung d. Aufhängepunkte		= 2,2 m
Ballast (Heck)		= 3 kg
Flächeneinstellwinkel		= 0°
Höhenleitwerkeinstellwinkel		= 0°
Flügelprofil symetrisch		
Höhenleitwerksspannweite		= 2,3 m
" - tiefe		= 1,o "
" - fläche		= 2,3 m^2
Höhenrudertiefe		= o,26 m
Seitenleitwerksspannweite		= 1,9 m
" - tiefe		= 1,o "
- fläche		= 1,9 m^2
Fahrwerksspurweite		= 1,6 m
Radstand		= 1,75 m
Radauflagev. Hauptfahrwerk bei		62 % t_F
Gewicht d. Schleppseils		= 22,5 kg
" " " -geschirrs		= 7,6 k

DFS Form 54

A. für Versuchsdurchführung benutzte Flugzeuge:

	1	2
Flugzeugmuster:	He 111	: Natter
D-Nummer :	DG + RN	: M 3
Ort :	Neuburg	: Neuburg
Pilot :	Zitter	: Klöckner
Beobachter :	Kreyser	: ./.
Bordfunker :	Roschlau	
Bordmonteur :	Lofink	

Start:	14:45
Landung:	15:43

B. für Beobachtung benutzte Flugzeuge :

	1	2
Flugzeugmuster:	Ju 87	:
D-Nummer :	NR + EZ	:
Ort :	Neuburg	:
Pilot :	v. Jan	:
Beobachter :	./.	:
Filmaufnahmen :	Otto	

Start:	14:43
Landung:	15:41

1.) Technische Durchführung:

Die BP 2o M 3 dient fast ausschliesslich der Flugvermessung im Trag- bezw. Normalschlepp. Das Gerät muss daher zur Rettung der Messeinbauten und zur Auswertung der Messschriebe wieder unbeschädigt am Schleppseil gelandet werden können. Die M 3 wurde daher unter Verwertung der Erfahrungen beim Startwagenversuch mit M 1 mit einem Bugradfahrwerk aufgerüstet. (Abb.1).

Zwei Einbeinfahrwerke der Kl 35a bilden das Hauptfahrwerk, während ein Hentschel-Spornfederbein als Bugrad eingebaut ist. Zur Erhaltung der Rollwendigkeit sind die Räder des Hauptfahrwerkes bremsbar. Gegenüber dem Versuch mit M 1 ist bei M 3 das Bugrad nicht mehr lenkbar, seine Mittellage wird aber durch eine Rückstellfeder gewährleistet. Da bei dem Startwagenversuch die Reifendecke des Bugrades erheblich, durch Anlauf an die Gabel, (hohe Drehzahl, dadurch wachsen des Durchmessers) beschädigt worden war, hatte die Gabel der M 3 erhöhten Ausschnitt erhalten.

Die Aufhängekupplungen (Abb.2) sind wahlweise in 11 und 24 % der Flügeltiefe bei einer Basis von 2,2 m einschraubbar. Die Betätigung derselben ist aus Abb. 3 an B.B.-Seite des Führerraumes zu erkennen. Für den vorliegenden Versuch war die Aufhängung in 24 %.

Schleppgeschirr, Ei-V-Anlage, sowie Messelement zur Bestimmung des Seilzuges sind die gleichen Anlagen wie bei dem Versuch mit M 1.

Zur Unterstützung der Abfangbewegung beim Landevorgang wurde zusätzlich eine Luftbremse am Heck (Abb. 4,5) eingebaut, deren Betätigung auch aus Abb. 3 zu erkennen ist.

Die Schwerpunktslagenänderung wird wie bei der M 1 durch eine Trimmgewichtverstellung (Abb.6) erreicht. Zu jeder Aufhängung können ± 5% Schwerpunktslagenänderungen durchfahren werden.

2. Flugerprobung:

a) Programm.

Fluglage	H	Xs	v km/h	
Start	---	24 %	160	
Steigflug	2000	24 %	~200	in Traglage
Normallage	2000	24 %	250	
"	2000	29 %	300	
"	2000	19 %	300	
Traglage	0	24 %	160	Landg. m. Gerät evt. Absprung u.Absetzen d. Geräts am Boden

b) Flugprotokoll:

Aufhängung in 24 %

Schwerpunktslage X_s = 24 %

keine Messgeräte

Anrollen und Startvorgang normal, sauberes Spuren des Fahrwerkes, kein Rattern. Nach Abheben Pendelschwingungen wie M 1, Sondenverhalten stabil. Steigflug mit V_A = 260 km/h ohne besondere Feststellungen. Quersteuerhandkraft bei vollem Ausschlag ± 0,5 kg. Hochgehen bei V_A = 260 km/h in Normallage gelingt nicht,bei S_H = 3/4 geht Maschine bei festgehaltenem Höhensteuer und bei gleichbleibender Handkraft P_H = 1 kg wieder auf kleinere Anstellwinkel und schwingt nach vorn. Der später ausgewertete Seilkraftschrieb zeigt, dass maximal ein Ca. von 0,2 erreicht wurde. Der Vorgang wurde 3 mal geflogen (mit immer gleichem

Ergebnis) dabei war weder Unruhe im Steuer noch Schütteln der Maschine festzustellen. Nach diesen 3 Versuchen äussert Klöckner seine Ansicht, dass er eine Landung für nicht durchführbar hält, vorbehaltlich anderen Verhaltens der BM 3 mit anderen Schwerpunktslagen. Nach Trimmen auf X_s = 29 % wird das gleiche Verhalten festgestellt, eine Wiederholung bei V_A = 29o km/h ergibt nichts neues. Um negative Ca - Werte zu erfliegen, wird das Höhensteuer bis zum Anschlag gedrückt bei V_A = 26o km/h; in diesem Augenblick fällt die EI V zu Klöckner aus. Nachdem in den nächsten lo Minuten keine Verbindung möglich wird, Anflug zum Platz in 9oo m Höhe mit V_A = 17o km/h. Dabei wiederholte Durchsage an Klöckner (auf Vermutung dass er hören kann) dass der Platz zum evtl. Aussteigen angeflogen wird. Über dem Platz öffnet Klöckner die Haube halb, schliesst sie dann wieder, anschliessend Abwurf der Haube und Aussteigen Klöckners nach links unten. Nach etwa 3 Sekunden hat sich der Schirm geöffnet.
M 3 hängt, nach Klöckners späterer Aussage, mit Trimmgewicht in vorderster Lage, ruhig als Sonde. Beim Anflug zur Landung sagt die begleitende Ju 87 durch Sprechfunk den Bodenabstand laufend an. Zitter fängt entsprechend dieser Ansage die He 111 etwas ab, die B M 3 setzt auf der Rollbahn auf. Das Seil wird nach Schlaffwerden an der He 111 ausgeklinkt, fällt hinter die B M 3 und wird dann nachgeschleift. Die B M 3 rollt vollkommen gerade aus, ohne merkbare Drehbewegung oder Schwingung um die Hochachse. Da der Anflug nicht genau parallel zur Rollbahn erfolgte, geht die Rollspur unter spitzem Winkel von der Bahn auf Gras, auch dabei behält die B M 3 unter leichten Nickschwingungen ihre Richtung bis zum Stillstand einwandfrei bei.
Das rechte Fahrwerksbein wurde, vermutlich beim ersten Aufsetzen, leicht nach hinten verbogen. Nach den übereinstimmenden Aussagen aller Beobachter in den Flugzeugen und am Boden erfolgte das Aufsetzen sehr sanft. Flugzeugführer Zitter kann einwandfrei feststellen, dass nach Variometeranzeige die Sinkgeschwindigkeit höchstens 1 $\frac{m}{s}$ betragen haben kann.

Bei Versuchen mit B M 3 wurden während des Startes und während einiger Flugzustände (Sondenschlepp, Hochziehen) die Schlepp-Seilkraft mit einem DVL - Ritzgerät registriert.

Das Messgerät befand sich am oberen Ende des Seiles an der Schleppmaschine.

Für δ wird ein geschätzter Wert von 14° für alle Flugzustände eingesetzt.

Dann ist der Auftrieb der Natter:

$$A = G_{seil} + G_{Flug} - S \cdot \cos \delta$$

und: $Ca = \frac{A}{q \cdot F}$

$G_{seil} = 30$ kg

S = gemessene Seilkraft

Nach dieser rohen Annäherung wurden die erreichten Ca-Werte ermittelt.

	V_A Km/h	X_s %	S kg	S.cos δ	$G_H + G_{seil}$ kg	A kg	q.F	Ca	S_H	P_H
Anrollen		24	9o							
Abheben	~ 2oo	24	1o4o	94o	769	-171	693	– o,22o		
Pendeln	~ 2oo	24	119o	112o	769	-351	693	– o,51		
Horizontalflug	26o	24	9o7	853	769	-184	1175	– o,157	0	0
"	26o	24	626	588	769	+181	1175	+ o,154	+ 3/4	1
"	26o	24	66o	621	769	+148	1175	+ o,126	+ 3/4	1
"	26o	29	955	898	769	-129	1175	– o,11o	0	0
"	26o	29	7oo	657	769	+112	1175	+ o,o95	+ 3/4	1
"	29o	29	1o6o	996	769	-227	1465	– o,155	0	0
"	29o	29	775	728	769	+ 41	1465	+ o,o28	+ 3/4	1
"	26o	29	1435	137o	769	-6o1	1175	– o,511	– 1	– 1

3. **Kritik des Versuchsablaufs.**

Entsprechend dem Versuch mit der M 1 (Natter auf Startwagen) wurde auch hier ein einwandfreier gerader Start (Ost-West-Richtung) erzielt. Bei leichtem Rückenwind hob die M 3 nach 800 m Rollweg bei etwa 7 m/s Steigen glatt ab und führte ebenso wie die M 1 Pendelschwingungen in X-Richtung aus, die abklangen.

Das vorgesehene Flugprogramm konnte wegen der Wetterlage (Wolkenuntergrenze 900 m, 9/10 bedeckt, keine Besserungsaussichten) nur beschränkt durchgeführt werden. Mit Rücksicht auf die geringe Flughöhe konnte auch ein volles Durchziehen des Steuerknüppels, um in Normalschlepplage zu kommen, nicht erfolgen. Indessen wurde bei 3/4 Ausschlag eine Seilwinkeländerung von 6 bis 8° geschätzt. Bei festgehaltenem Knüppel verkleinerte sich jedoch der Anstellwinkel in Verbindung mit einer Schwingung. Eine Normalschlepplage wäre daher auch mit vollem Höhenruderausschlag vermutlich nicht erreicht worden.

Der Ausfall der Ei-V-Anlage erfolgte von der Natter nach oben zur He 111 nur auf Mikrofonseite, d.h. Klöckner konnte noch hören, während er nach oben keine Beobachtungen mehr durchgeben konnte. Eine sofortige Nachprüfung nach der Landung ergab wieder einwandfreie Verständigung. Es wird angenommen, dass sich die Brechkupplung der Ei-V-Haube von Klöckner innerhalb des Geräts gelockert hatte. Trotzdem wurde die elektrische Anlage des Schleppseils einer genauen Kontrolle unterzogen und die Ein- und Ausgänge des elektr. Kabels neu verlegt sowie deren Enden mit Liststeckern versehen, die eine bedeutend bessere Verbindung als die bislang benutzten Brechkupplungen gewährleisten.

Beim Aussteigen aus der Natter stellte Klöckner fest, dass die Haube nur mit grosser Kraftanstrengung zu öffnen ist, im Gegensatz zum Abwurf der Haube bei Versuch mit M 1, die sich leicht öffnen liess.

Beide Hauben hatten gleiche Abmessungen, gleiche Lagerung und gleiche Verschlüsse. Ein Klemmen kann nicht stattgefunden haben, da sich der Haubenausschnitt nach oben erweitert. Es können also nur Luftkräfte dem Öffnen entgegengewirkt haben. Die Haube hatte im übrigen nur durch die Berührung mit dem Vermessungsmast ein kleines Loch ins Sperrholz erhalten. Der Bodenaufschlag hatte keinerlei Beschädigungen zur Folge. Der Vermessungsmast selbst wurde etwas nach hinten gebogen.

Die Landung des führerlosen Geräts mit vorderster Schwerpunktslage wurde durch die Höhenansage der begleitenden Ju 87 mittels Sprechfunk wesentlich erleichtert. Die Bugradanordnung erwies sich als einwandfrei. Der Rollweg des Geräts war eine gerade. Obwohl nach Augenbeobachtung das Gerät sanft aufgesetzt wurde, erhielt das St.B.-Federbein eine geringe Stauchung(Abb.7). Wie nachträglich beim Austausch des Federbeins festgestellt wurde, waren die Halteschrauben der Lagerbuchsen des betreffenden Laufrades abgescheert, da die Buchsen auf der Achse gefressen hatten. Die Stauchung findet damit ihre Erklärung darin, dass sich das Rad bei der Landung wahrscheinlich nicht mehr gedreht hat, sodass eine erhebliche Biegebeanspruchung auf das Federbein kam. Die eingebauten Kl 35 a - Federbeine wurden gegen die wesentlich stärkeren der Kl 35 b ausgewechselt.

Ainring 4.1.45

Kreyan *Wedl*

Flugbericht Nr. 241/45 (Kurzbericht)

9
2
48

Betr.: Flugerprobung "Natter" BN 3 in Neuburg/Donau am 27.1.45.

1. Wetter: 3/10 bedeckt, dunstig, 1 - 2 m/sec. West.

2. Start: Der Start erfolgte auf der Startbahn in Ost-Westrichtung. Die "Natter" klebt gegenüber den früheren Starts besonders stark an der Bahn bis sie unter ca. 80° Seilwinkel durch die He 111 abgehoben wird.

   Knüppelstellung ungefähr normal (nach Rücksprache mit Herrn Krede war durch eine Fahrwerksveränderung der negative Anstellwinkel der "Natter" beim Rollen auf der Bahn gegenüber der früheren Starts größer geworden).

   Nach dem Abheben pendelt die "Natter" um den Aufhängepunkt an der He 111 in Flugrichtung. Dabei gelangt sie mehrmals bis vor die He 111 d.h. der Seilwinkel wird größer als 90°. Nach ~~3~~ - 4 Bewegungen ist die Schwingung abgeklungen.

3. Steigflug: Im Steigflug betrug die mittlere Steiggeschwindigkeit nach Staudruckanzeige 195 - 200 km/h. Insgesamt war ein schlechtes Steigen des Tragschleppverbandes festzustellen. Nach Erreichen der Höhe von 2500 m beginnt die Messung.

4. Messung: Nach Erreichen von 260 km/h wird das Höhenruder der "Natter" langsam in Richtung ziehen betätigt. Dabei ist Aufhängung und Schwerpunktslage in 24 %. Nach ~~einigen~~ wenigen mm Knüppelbetätigung ist schon eine Lagenveränderung um die Querachse festzustellen. Mit zunehmendem Knüppelweg wird die Lagenänderung stärker. Dabei bleibt die "Natter" gegenüber der He 111 zurück, ~~xxx~~ um bei weiterem ziehen hochzusteigen und dabei das Schleppseil zu überholen. Dabei wird das Seil straff und die "Natter" kippt nach vorn über. Jetzt holt sie Fahrt auf und schießt nach vorn, wobei das Seil sehr stark entlastet wird. ~~wird~~ Lässt man nach dem Überkippen der "Natter" das Höhenruder in der Ausgangsstellung Ziehen stehen ~~gelassen~~ so ist eine deutlich spürbare Abfangbewegung festzustellen. Die Ruderhandkraft bleibt bei diesem Vorgang voll erhalten. Während dieses

608

ganzen Ziehvorganges ist eine sich langsam steigernde Querachsenschwingung festzustellen. Diese Schwingung erreicht ihren Höhepunkt, wenn das Höhenruder so weit gezogen wird daß das Schleppseil straff wird und die "Natter" zum Umkippen ~~xxxxx~~ gelangt. Diese Schwingung wird ~~meines Erachtens~~ durch das Seil angefacht, da ~~Es ist~~ deutlich festzustellen ist, daß die Querachsenschwingung der "Natter" mit einer Schwingung im Seil auf gleicher Frequenz liegt.

Beim Zurücknehmen des Trimmgewichtes von 24 kg auf 34 kg und Wiederholen des vorher beschriebenen Vorganges tritt dieselbe Erscheinung wieder auf, nur hat es den Anschein als wenn die gesamte Schwingung etwas flacher sei.

Dieser Bericht ist eine kurze kommentarlose Zusammenfassung der wichtigsten Beobachtungen. Ein ausführliches Flugprotokoll folgt.

Neuburg/Donau, den 28.1.45.

609

BACHEM-WERK G.M.B.H. WALDSEE-WÜRTT.

Vorläufiger kurzer Erprobungsbericht über M 23

Br.B.Nr.25/45

Geheim

Erster bemannter Senkrechtstart mit Triebwerk und Starthilfen am 1. 3.45

Am 1.3.45 wurde von Flugzeugführer Sieber der erste bemannte Steilstart auf dem Heuberg durchgeführt.

Nachdem das Triebwerk auf Vollschub geregelt wurde und Sieber die Starthilfen zur Entzündung brachte verliess die Maschine einwandfrei die Lafette. Nachdem die Machine ca. 100 m erreicht hatte, machte sie eine starke Kurve in Rückenlage. Unter ca. 30 Grad Neigung stieg die Maschine weiter, wobei sich die Führerhaube von der Maschine löste. Nach weiterem Steigen auf ca. 1500 m Höhe setzte nach ca. 15 s. nach Startbeginn das Triebwerk aus, woraufhin die Maschine in Sturzflug überging und nach 32 s. einige km von der Startstelle entfernt praktisch senkrecht auf dem Boden aufschlug. Während des ganzen Fluges machte der Flugzeugführer keine Anstalten sich zu retten.

Aus dem Ablauf des ersten bemannten Senkrechtstartes ergeben sich folgende Erkenntnisse:

1.) Es ist mit grosser Wahrscheinlichkeit anzunehmen, dass die Maschine deshalb sofort in Rückenflug überging, weil der Flugzeugführer durch den Startvorgang, an sich stark beeindruckt, die Knüppel-Arretierung, welche auf 2 Grad Drücken eingestellt war, losgelassen hat und durch die auftretenden Beschleunigungskräfte unwillkürlich gezogen hat.

2.) Nachdem die Rückenflugkurve beendet war und die Maschine in Rückenlage unter ca. 30 Grad weiterstieg, ist zu vermuten, dass der Flugzeugführer durch sein Gewicht mit dem Kopf die Haube herausgedrückt hat und diese dadurch wegflog. Obwohl der Haubenverschluss sich bei dem Freiflug mit der M 8 bis 600 km pro Stunde Fluggeschwindigkeit bewährt hatte, kann trotzdem gesagt werden, dass der Verschluss zu schwach war, um diese abnormalen Kräfte aufzunehmen. Der Haubenverschluss muss daher verstärkt werden.

3.) Durch das Wegfallen der Haube und damit des daran befestigten Kopfpolsters und bedingt durch die starke Beschleunigung hat der Flugzeugführer seinen Kopf an die Rückenwand geschlagen und ist wahrscheinlich dadurch bereits bewusstlos geworden, sodass er die Herrschaft über die Maschine zeitweise verlor. Es besteht sogar die Möglichkeit, dass der Flugzeugführer bereits in diesem Augenblick durch das starke Zurückgerissenwerden des Kopfes und teilweises Herausrutschen aus der Maschine (soweit es die Anschnallgurte ermöglichten) das Genick gebrochen hat.

– 2 –

4.) Nachdem während des ganzen Fluges der Flugzeugführer keine Anstalten machte, sich zu retten, ist anzunehmen, dass er während der ganzen Zeit völlig benommen war oder dass er, nachdem er das Triebwerk abstellte, über seine Lage im Raum nicht im klaren war und nach der Senkrechten hin abfing, statt in der Waagrechten zu bleiben.

Die aus den angeführten Erkenntnissen zu ziehenden Folgerungen sind:

Die Belastung des Flugzeugführers während des Startvorganges und die hieraus mögliche Unklarheit über seine Lage im Raum fordern, wie von uns von Anfang an betont, dass Startvorgang und grober Zielanflug restlos automatisiert werden müssen. Lediglich der Feind-Zielanflug bezw. Schiessanflug (nach optischer Sicht der Bomber) soll dem Flugzeugführer überlassen bleiben.

Wir stehen auf dem Standpunkt, dass ein erneuter bemannter Start erst dann erfolgen soll, wenn einige unbemannte Maschinen mit Automatik einwandfrei geflogen sind. Der Zeitpunkt für den ersten unbemannten Steilstart mit Automatik ist voraussichtlich der 10.3.45
Sollte jedoch ein weiterer bemannter Steilstart ohne Automatik sofort durchgeführt werden, könnte dies nach Abänderung der bereits fertiggestellten zweiten bemannten Maschine (M 25) ca. am 5.3. erfolgen. Die Änderungen würden einen stärkeren Haubenverschluss vorsehen und die Arretierung des Knüppels während des Startes so sichern, dass der Flugzeugführer durch eventuelle Schockwirkung den Knüppel nicht ohne weiteres bewegen kann, sodass auf jeden Fall gewährleistet wäre, dass die Maschine praktisch die ersten 1000 m senkrecht steigt.

Den Entscheid hierüber bitten wir jedoch durch das SS-FHA bezw. das OKL zu treffen, da wir eine Wiederholung dieses Versuches im Hinblick auf die geringen Erkenntnisse für den späteren Einsatz nicht für richtig halten.

Waldsee, den 2. 3.1945

Der Sachbearbeiter

B A C H E M - W E R K GMBH
W A L D S E E - WÜRTTEMBERG

Verteiler: Oberst Knemeier
Generaling. Herrmann
Staf. Hoffmann
Ing. Sch[illegible]ller
OKL Chef TLR- Fl E
OKL Chef TLR
SS-FHA Amt X
SS-FHA Amt [illegible]

Dank

Allen voran möchte ich Herrn Björn Bachem danken, der mir ohne große Umschweife einzigartige Dokumente und Fotos zur Verfügung stellte. Hierdurch konnten viele noch bestehende Lücken in den bisher bekannten Dokumenten geschlossen werden. Weiterhin möchte ich den Herren Karl Mielenhausen, Werner Kantelhardt, Erich Klöckner und Hans Zübert danken, die als noch lebende Zeitzeugen die Entstehung und die Gestaltung dieses Buches maßgeblich mit beeinflußten und ohne deren wertvolle und teilweise einzigartigen Kenntnisse diese Dokumentation garnicht möglich gewesen wäre.
Gleiches gilt auch für Herrn Manfred Griehl, der die Entstehung dieses Buches in Etappen begleitete und wertvolle Kenntnisse und Material zur Verfügung stellte. Ebenso großer Dank gilt den Herren Manfred Hensel und Hans Hutzel, die ebenfalls Quellenmaterial zur Verfügung stellten.
Großen Dank schulde ich auch Herrn Major Stephan, der mir Zutritt auf das Versuchsgelände am ehemaligen Ochsenkopf innerhalb des Truppenübungsplatzes Heuberg gewährte.
Ebenfalls herzlich bedanken möchte ich mich bei der Redaktion der Zeitschrift Jet & Prop, die mir Fotomaterial unbürokratisch und ohne große Umstände zur Verfügung stellte.
Nicht versäumen möchte ich, Herrn Dipl. Ing. Hans Holzer (Deutsches Museum München) für seine freundliche und hilfreiche Unterstützung zu danken.
Mein weiterer Dank geht an Frau Sonja Gieschen, geb. Sieber; sowie an die Herren Heinz Birkholz, A. R. Chapman, Peter W. Cohausz, Heiko Drieselmann, Manfred Grün (Historeum Eberspächer), Hans Grimm, Walter Hermanutz, Oberfeldwebel Mathiesen (Truppenübungsplatz Heuberg), Peter F. Selinger, Wolfgang Späte (verst. 30.04.97), Hans Zacher, Hermann Zitter, Friedhelm Kinkel und das Team des Foto-SB Siegen-Oberstadt (Herr Holdinghausen, Frau Bozdogan, Frau Klaes, Frau Schmidt, Frau Wilwerth und Herr Anders) sowie an die Firma Dragon/Faller, die alle zum Entstehen dieses Werkes beigetragen haben.

Siegen, im November 1997
Horst Lommel

Quellen- und Literaturnachweis

I. Quellen

A: Werksunterlagen der Firma Bachem

1. Anlage 2 zum Wochenbericht Nr. 13, 02.03.1945.
2. Anlage 3 zum Wochenbericht Nr.13, 02.03.1945.
3. Besprechungsnotizen, 15.12.1944, 29.12.1944, 01.01.1945, 05.01.1945, 11.01.1945, 20.01.1945, 30.01.1945, 22.02.1945 und 23.02.1945.
4. Diverse Aktennotizen, Reiseberichte und Werksberichte, 02.11.1944 - 30.03.1945.
5. Erprobungsbericht Mustermaschine M16, 28.12.1944.
6. Erprobungsbericht Mustermaschine M17, 02.01.1945.
7. Erprobungsbericht Mustermaschine M21, 20.12.1944.
8. Erprobungsbericht Mustermaschine M23, 02.03.1945.
9. Flugzeugfertigungskennblatt Baumuster 8-349 Ausführung: V, Baureihe: 1, Oktober 1944.
10. Kurzerprobungsbericht der Baumuster M1-M3,M5-M8,M13,M14,M16,M17,M21-M24 und M31-M34, 05.04.1945.
11. Leistungsberechnungen BP-20, 27.11.1944.
12 Projektbeschreibung »Natter« 8-349A (BARAK I), 27.11.1944.
13. Terminplan für 15 Maschinen der »K« Serie, 07.03.1945.
14. Wochenbericht Nr. 3, 21.12.1944.
15. Wochenbericht Nr. 13, 02.03.1945.
16. Zwischenbericht Projekt Natter, 27.02.1945.
17. 3- und 6-Komponentenmessungen BP-20, 31.01.1945.

B: Unterlagen zur Tragschlepperprobung

18. Aktenvermerk über Tragschleppversuche in Neuburg, Februar 1945.
19. Beanstandungen M8, 20.02.1945.
20. Bericht über Tragschleppversuche, 02.01.1945.
21. Dankschreiben von Erich Bachem, zum geglückten 1. Freiflug mit der M8, 20.02.1945.
22. Einverständniserkärung zum Freiflug mit der M8 von Hans Zübert, 09.02.1945.
23. Flugbefehl zum Freiflug mit der M8, 09.02.1945.
24. Flugbefehl zum 2. Freiflug mit der M3, 17.03.1945.
25. Flugbericht Tragschlepp M3, 21.01.1945.
26. Flugbericht Nr.251/45, 28.01.1945.
27. Flugbericht M8, 14.02.1945.
28. Flugprogramm M8, 09.02.1945.
29. Flugprogramm Freiflug mit M3, 17.03.1945.
30. Gesprächsnotiz Tragschleppversuche, 04.01.1945.
31. Schreiben von Professor Dr. W. Georgii, 04.11.1944.
32. Zusammenfassender Schlußbericht über die Tragschlepp- und Mistelschlepperprobung der Mustermaschinen M1-M3 und M5-M7, 04.01.1945.

C: Sonstige Berichte

33. Gerichtsmedizinische Berichte Dr. Euler, 20.01.1983, 27.01.1983 und 15.02.1983.
34. Le Bachem Ba-349, Natter on BP-20, Chasseur d`interception monoplace (Musee de L`Air, Le Bourget).
35. Report 83, BP-20 NATTER (USAAF), 11.06.1945.
36. Report 303/1945 (USAAF), 12.03.1946.
37. Vernehmung Willy Fiedler (USAAF), 16.05.1945.

D: Flugbücher

38. **Sieber, Lothar**: Flugbuch I, 17.01.1940-18.06.1940.
39. **Sieber, Lothar**: Flugbuch III, 26.03.1942-29.12.1944.
40. **Zübert, Hans**: Segel-Flugbuch, 20.06.1943-14.02.1945.

II. Literatur

A: Bücher

41. **Bartz, K.** Als der Himmel brannte. Hannover, 1955.
42. **Butler, P.H.**: War Prices. Leicester, 1994.
43. **Clostermann, P.**: Brennender Himmel.
44. **Dressel, J. und Griehl, M.**: Die deutschen Raketenflugzeuge. Stuttgart, 1989.
45. **Ethel, J. und Price, A.**: World War II Fighting Jets. Shrewsburry, 1994.
46. **Ford, B.**: Die deutschen Geheimwaffen (Verschußgeräte für die R4M). München, 1981.
47. **Green, W., Matthews, W.R., Punnett, D. und Weal, J.**: Air Enthusiast Volume One. New York, 1971.
48. **Green, W.**: Graccia germania Nr. 24. Rom, 1975.
49. **Green, W.**: The Warplanes of the Third Reich. London.
50. **Hensel, M. und Härter, K.**: Chronik des Truppenübungsplatzes und der Garnison Heuberg. Stetten a.k.M., 1980.
51. **Hensel, M.**: Stetten am kalten Markt. Stetten a.k.M., 1983.
52. **Hutzel, H.**: Ummendorf in der Hitler- und Franzosenzeit. Bad Schussenried, 1996.
53. **Kay/Smith**: German Aircraft of the Second World War. London, o. J.
54. **Kens, K. und Nowarra, H.J.**: Flugzeugtypen 1933-1945. München, 1972.
55. **Maloney, E.T.**: Aero Series No.7 »Kamikaze«. Fallbrook, 1966.
56. **Masters, D.**: German Jet Genesis. London, 1982.
57. **Papst, O.**: Kurz- und Senkrechtstarter. Koblenz, 1984.
58. **Schriftenreihe des Stadtarchivs**: Band 12 der Stadt Kirchheim unter Teck. Kirchheim u.T., 1990.
59. **Stemmer, J.**: Raketenantriebe. Zürich, 1952.

B: Tageszeitungen, Zeitschriften und Fachberichte.

60. Der Flieger. Heft 3, 1953.
61. Der Flieger. Hefte 5-10, 1978.
62. Dresdner Neueste Nachrichten, 29.04.1991.
63. Eine Bachem Natter im Deutschen Museum (Interner Museumsbericht von Herrn K. Rohrbach), 1968.
64. Elseviers Magazine. Niederlande, 08.04.1978.
65. Essener Allgemeine Zeitung, Ausgaben 12.04.1951-16.04.1951.
66. Fliegerkalender, 1990.
67. Flugrevue. Heft 1, 1962.
68. Im Oberland. Heft 2, 1992.
69. Jägerblatt 03, 1995.
70. Luftfahrt International. Nr. 10, 1975 und Nr. 13, 1976
71. Maru Magazine. Japan, 1976.
72. Meßkirchener Anzeiger, 18.08.1986.
73. Museumszeitschrift Deutsches Museum München.
74. Revue. Heft 29, 21.07.1951.
75. Sammelwerk Flugzeug. Nr.7, 1997.
76. Stuttgarter Nachrichten, Nr. 291.
77. Südkurier, 06.03.1995.
78. Vilshofener Nachrichten, 09.10.1991.
79. Waffenarsenal. Band 118, 1989.
80. Waffenrevue. Hefte 94 und 95, 1994 und Heft 96, 1995.
81. Weltraumfahrt. Heft 3, 1953.